동물에게도
문화가 있다

The
Imitation
Factor

The
Imitation
Factor

동물에게도
문화가 있다

리 듀거킨 Lee Dugatkin 지음
이한음 옮김

지호

동물에게도 문화가 있다
리 듀거킨 · 이한음 옮김

The Imitation Factor by Lee Dugatkin
Copyright © 2000 by Lee Dugatkin
All rights reserved.
Korean translation copyright © 2003 by Chiho Publishing House
This Korean edition was published by arrangement with Lee Alan Dugatkin
C/o Susan Rabiner, Literary Agent, Inc. New York, NY
through Korea Copyright Center, Seoul.

초판 1쇄 인쇄일 · 2003년 6월 25일
초판 1쇄 발행일 · 2003년 6월 27일

발행처 · 출판사 지호 | 발행인 · 장인용
출판등록 · 1995년 1월 4일 | 등록번호 · 제10-1087호
주소 · 서울시 마포구 신수동 181-2(2층) 121-110 | 전화 · 713-5170
팩시밀리 · 713-5172 | 이메일 · chihopub@yahoo.co.kr
편집 · 오지연, 천승희, 박준호 | 영업 · 윤규성 | 표지 디자인 · 오필민
종이 · 대림지업 | 인쇄 · 대원인쇄 | 제본 · 경문제책
ISBN 89-86270-82-X

문화는 단순한 것에서부터 복잡한 것에 이르기까지
모든 생명체에게 작용하는 강력한 진화적 힘이다.

차례

머리말

　우리는 자신이 이 행성에 사는 다른 생명체들과 어딘가 다르다고 생각하고 싶어 안달한다. 우리는 우리 인간이 도구를 만드는 유일한 종이라는 점에서 독특하다고 주장해 왔다. 하지만 텔레비전의 자연 다큐멘터리 프로그램에서 망치를 휘두르는 원숭이들을 쉽게 볼 수 있는 지금, 우리는 이런 주장이 사실이 아니라는 것을 알고 있다. 지금은 인간만이 "문화"를 지니고 있기 때문에 독특하다는 주장이 설득력 있어 보인다. 그렇다면 그 문화는 어디에서 온 것일까? 앞으로 살펴보겠지만, 문화는 인간의 전유물이 아니다. 문화는 호모 사피엔스가 등장하기 오래 전부터 있어 왔다. 그것은 물고기에서부터 인간 이외의 영장류에 이르는 온갖 동물들에게서, 상상할 수 있는 거의 모든 유형의 행동들 속에서 자신의 힘을 뚜렷이 드러내고 있다. 문화를 이해하는 것은 우리 재능의 표출이 아니라 우리의 의무이다. 즉 유전적 존재로서 우리가 그 존재의 핵심인 DNA 가닥을 상세히 조사해 왔듯이, 사회적 존재로서 우리는 그 핵심인 개체를 상세히 살펴보아야 한다.

　우리는 DNA 복제가 지구 생명체들을 영속시키는 근본 원리라고 배웠다. 하지만 우리는 자연에 근본적인 의미를 지닌 또 하나의 복제 메커니즘이 있다는 것을 깨닫지 못했다. 그것은 개체다. 전통적인 의미에서 보면 개체는 복제자가 아니지만, 본래 우리가 진정한 복제기라는 사실은 인류 문화의 발전을 이해하는데, 또한 미처 깨닫지 못했지만 널리 퍼져 있는 자연의 힘, 즉 "모방 인자"를 이해하는 데 중요한 열쇠가 된다.

원대한 질문에 대답을 하려고 시도하는 책들이 대개 그렇듯이, 나도 이 책을 쓰면서 오랫동안 수많은 동료 학자들과 대화를 하고 그들의 연구 주제와 사상을 듣고 격려를 받는 기쁨을 누렸다.

또 여러모로 도움을 준 프리출판사의 편집자 스티븐 모로에게 감사한다. 스티븐은 이 책이 나오기까지 각 단계마다 중요한 도움을 주었다.

내 저작권 대리인인 수잔 래비너의 조언과 격려가 없었다면, 이 책은 결코 나오지 못했을 것이다. 수잔은 수십 번에 걸쳐 고치고 또 고친 이 책의 계획서들을 검토하고, 내가 나무가 아니라 숲을 볼 수 있도록 헤아릴 수 없을 정도로 많은 도움을 주었다.

그리고 아내 다이애너는 다른 어느 누구보다도 더 여러 차례에 걸쳐 이 책의 단어 하나하나를 꼼꼼히 읽어주었다. 다이내너는 단순한 교정자가 아니다. 그녀의 생각이 반영됨으로써 이 책은 일반 독자들에게 훨씬 더 쉽게 다가갈 수 있는 형태를 갖추었다. 모든 면에서 그녀는 나의 놀라운 반려자다. 그리고 다섯 살인 내 아들 애런도 이곳저곳 교정을 해주었지만(정말이다), 내가 정말로 고마움을 느꼈을 때는 아이의 눈동자가 반짝거릴 때였다.

마지막으로 늘 그렇지만, 일찍이 내 능력을 믿어준 제럼 브라운 박사에게 감사를 드린다. 14년 전 제럼은 솔직히 말해 그럴 이유가 전혀 없었음에도 내 재능을 믿어주었다.

문화적 동물

1

모방은 아이 때부터 인간에게 자연스러운 것이며, 인간이 더 하등한 동물들보다 우월한 이유 중 하나도 바로 그가 세상에서 가장 모방하기 좋아하는 생물이며 처음에 모방을 통해 배우기 때문이다.

아리스토텔레스

과학자들이 오늘날 연구실에서 탐구하고 있는 가장 중요한 질문들은 모두 아리스토텔레스가 제기한 것이다. 이 말이 과장일지는 모르지만, 설령 그렇다고 해도 심한 과장은 아닐 것이다. 내 연구실에서 탐구되는 기본 문제들, 그리고 많은 내 동료들의 연구실에서 탐구되는 기본 문제들이 바로 그가 제기한 것들이기 때문이다. 하지만 적어도 인간 이외의 동물들이 모방 능력을 지니고 있다는 점에서 볼 때 아리스토텔레스의 생각은 틀렸다. 그는 중요한 사실을 간과한 셈이다. 거의 2,500년이나 지난 지금, 우리는 자연의 청사진인 유전자를 발견했다. 하지만, 자연이 유전체 바깥에서 세대 사이에 어떻게 정보를 전달하는지는 여전히 거의 모르는 상태로 있다. 우리는 선조들의 지혜를 후세에게 물려주는 비법을 쓸 수 있는 동물이 우리뿐이라고 생각하는 경향이 있다. 그 비법을 문화라고 부른다. 하지만 놀랍게도 물고기인 거피조차도 그 비법을 쓸 수 있다.

갓난아기나 어린아이를 보고 있으면, 인간이 모방을 통해 배우기 시작한다는 아리스토텔레스의 말이 옳다는 것을 알 수 있다. 취학전 교육의 상당히 많은 부분은 다른 사람들, 특히 부모의 행동을 모방하는 식으로 이루어진다. 모방이 너무나 뚜렷해서 때로는 두려움이 생길 정도다. 자신의 아이를 보고 있으면 자신의 행동을 그대로 본뜬 행동이 눈에 들어온다. 이것이 늘 기쁨을 준다고는 할 수 없다. 인간에게 모방이 중요하다는 것은 의심의 여지가 없지만 아리스토텔레스는 모방이 문화적 전달의 뿌리임을 알아차리지 못했을 뿐더러 인간만이 아니라 다른 수많은 동물들도 그런 식으로 문화를 전달할 수 있다는 것을 깨닫지 못했다. 사실 아주 최근까지도 아무도 이런 것들을 알아차리지 못했다. 하지만 모방이 수수께끼 같았던 문화의 기원과, 유전자 바깥에서 이루어지는 진화를 설명해 준다는 것은 이제 과학적 사실이 되어 있다.

거피의 문화

나는 거피를 관찰하면서 많은 시간을 보낸다. 솔직히 말해 제정신을 가진 어느 누구보다도 거피와 더 많은 시간을 보낸다. 사회적 행동의 진화를 연구하는 행동생태학자들을 빼놓고 말이다. 또 행동생태학자와 비교한다고 해도 그다지 뒤처지지 않을 것이다. 거피를 오랫동안 지켜보면, 수족관에 있든 하천에 있든 거피 마을의 생활이 암컷과 수컷이라는 성性을 중심으로 이루어진다는 사실을 알게 된다. 수컷들은 의향이 있는 암컷이라면 누구와도 짝짓기를 하고 싶어하며, 꽤 많은 시간을 이 욕망을 추구하면서 보낸다. 반면에 암컷들은 끊임없이 이루어지는 성희롱을 피하느라 대부분의 시간을 보낸다. 거피 사회에서 누가 누구와 짝짓기를 하는가를 결정하는 것은 유전적 충동과 모방의 매혹적인 결합이다. 암컷은 유전적으로 화려함을 타고난 수컷과 짝짓기를 하는 성향을 지니고 있지만, 그보다는 다른 암컷들이 짝을 선택하는 것을 보고 모방하려는 성향이 더욱 강하다.

모든 조건이 같다면, 거피 암컷은 화려한 수컷과 짝짓기를 함으로써 유전 부호에 복종한다. 하지만 모든 조건이 같다면, 암컷은 서로의 짝 선택을 모방하기도 한다. 그것만 해도 매우 놀라운 발견이다. 크기가 핀 머리 정도밖에 안 되는 뇌를 가진 거피 암컷들이 서로의 짝 선택을 본뜨는 것이다. 하지만 흉내와 짝 선택 이야기는 그것으로 끝나지 않는다. 더 나아가 유전자와 문화의 상호 작용이 어떻게 거피의 짝 선택을 이끌어내는가 질문을 던질 수도 있다. 즉 본뜨기와 모방(그리고 학습)이 행동의 문화적 전달을 이끄는 근본적인 힘이라고 할 때, 이런 힘들은 행동의 부호를 지닌 유전자와 어떻게 상호 작용을 하는 것일까?

아리스토텔레스 같은 사람들이 틀렸다는 것을 입증하는 사례가 거피만은 아니라는 생각이 들지 모른다. 실제로 문화가 동물의 삶에서 중요한 역할을 하는 사례가 수많은 종에서 관찰되어 왔으며, 그것도 매우 강력한 영향을 미치고 있는 것이 분명하다. 곤충, 물고기, 새에서부터 사슴과 인간을 포함한 영장류에 이르기까지 모든 동물들에서 다양한 유형의 문화가 짝 선택에 영향을 미치고 있다. 이런 다양한 사례들 속에서, 문화와 유전자는 예기치 않은 기묘한 방식으로 상호 작용을 한다. 그리고 문화가 결코 짝 선택이라는 문제에만 적용되는 것은 아니다. 문화는 동물 행동의 거의 모든 측면에 배어 있다. 문화, 더 구체적으로 말해 모방을 통한 문화적 정보 전달은 인류가 등장하기 오래 전부터 있었던 힘이며, 사람들이 아주 단순하다고 생각하는 동물들에게도 예나 지금이나 중요한 역할을 하고 있다. 그리고 극소수 개체들이 지닌 행동이라고 해도 본뜨기가 일어나면 장기적으로 집단 수준에서 진화적 결과를 빚어낼 수 있으므로, 모방은 독특한 요인이라고 할 수 있다. 극소수의 개체들이 지녔던 괴팍한 행동도 다음 세대로 전해지면서 수천 년, 심지어 수백만 년까지도 보존될 수 있다.

문화가 동물의 선택에 그렇게 중요한 역할을 한다는 주장은 논란을 불러일으킨다. 그 주장에는 더욱더 깊은 의미가 함축되어 있다. 문화적 정보 전달이 번개같은 속도(유전적 변화가 일어나는 데 걸리는 시간에 비교해서)로 이루어질 수 있다는 것을 생각해 보라. 한 개체만이 지녔던 행동도 많은 개체들을 통해 복제되면 눈덩이가 구르듯 불어나면서 집단 전체에 진화적 파급 효과를 낳을 수 있다. 게다가 이 새로운 생물학 이론은 문화적 요인이나 유전적 요인이 행동을 주도할 때가 언제인지 예측할 수 있다. 현대 과학이 이룩한 놀라운 성과 덕분에 이제 우리는 유전적 힘과 문화적 힘을 균형있게 바라볼 수 있게 되었다.

17

하지만 그런 관점을 상세히 다루려면, 먼저 문화가 진정 무엇을 뜻하는지 정의하고 관련된 몇 가지 질문에 대답할 필요가 있다.

진화생물학자들은 자연선택 과정이 진화적 변화를 추진하는 주된(하지만 유일하지는 않은) 요인이라는 점에 대체로 동의한다. 저명한 과학자들 중에도 이 관점을 반박하는 사람들이 몇몇 있긴 하지만, 대다수 생물학자들은 이 관점을 지지할 것이다. 특히 사회적 행동의 진화를 연구하는 사람들은 더 그럴 것이다. 과학자들은 지구나 다른 어느 곳에 있는 생명체의 어떤 측면이든 간에 우리가 그것을 이해하고자 한다면 자연선택이 어떤 식으로 작용하는지 이해해야 한다고 말할 것이다.

자연선택과 유전자

찰스 다윈의 연구가 사회과학과 자연과학 양쪽으로 기념비적인 영향을 미쳤다는 점에 비춰볼 때, 그의 자연선택 개념이 너무나도 직설적이라는 것을 알고 나면 당혹스러울 수도 있다. 키, 몸무게, 시력 같은 생물의 어떤 특징을 생각해 보자. 한 집단에 속한 개체들의 키가 제각기 다르듯이 이런 특징들에 변이가 존재한다면, 그리고 이렇게 "키가 제각기 다른 개체들이 자신을 닮은 자손을 낳는 수단"이 있다면, 다른 개체들보다 자손을 더 많이 낳는 개체는 시간이 흐를수록 자신의 특징을 더 널리 퍼뜨리게 된다.

어떤 이유가 있어서 키 큰 개체들이 더 많은 자손을 갖는다면, 시간이 흐를수록 그 집단의 평균키는 더 커진다고 예상할 수 있다. 반면에 키 작은 개체들이 더 많은 자손을 남긴다면, 자연선택은 키 작은 개체들이 더 많아지는 쪽으로 집단을 이끌어갈 것이다. 자손의 수에 매우 조금만 차이가 나도 이런 결과가 빚어진다. 작은 차이들도 기나긴 진화 시간 동안 축적되어 큰 변화로 나타날 수 있다. 예를 들어 키 큰 개체들이 한 세대에 평균 2.01마리의 자손을 낳고, 키 작은 개체들은 평균 2.00마리의 자손을 낳는다면, 자연선택은 키 큰 개체들을 조금 더 선호할 것이고, 그 집단은 평균적으로 볼 때 전보다 더 키가 커질 것이다. 시간이 오래 걸릴지도 모르지만, 그 일은 일어나게 되어 있다.

다윈의 이론은 일반적인 것이었다. 즉 그것은 다윈이 《종의 기원》에서 제시한 몇 가지 조건을 만족시키는 모든 형질에 적용되었다. 행동생물학자들은 다윈이 주장한 것처럼 과연 자연선택 이론이 생물의 모습(해부 구조, 형태, 생리)만이 아니라 행동에도 적용될 수 있는가를 놓고 오랫동안 논쟁을 벌여 왔다. 행동에 선택할 수 있는 다양한 대안들이 있고, 이런 "행동 대안들을 다음 세대로 전달할 수 있는 어떤 수단이 있다면", 개체의 번식에 조금이라도 유리한 영향을 미치는 행동은 모두 자손의 수를 늘리는 데 기여할 것이다.

우리 앞에 사자 두 종류가 있다고 상상해 보자. 한쪽은 덤불에 숨어서 사냥을 하는 사자이며, 다른 한쪽은 모두가 감탄해 마지않는 위엄을 보이면서 몸을 드러낸 채 사냥을 하는 사자이다. 이제 각각의 사자들이 자손을 낳고, 그 자손들이 부모와 똑같은 사냥 전략을 쓴다고 하자. 덤불에 숨어 사냥하는 사자들이 그렇지 않은 사자들보다 먹이를 더 잘 잡는다고 하면, 자연선택은 덤불에 숨어 사냥하는 행동을 선호할 것이고, 시간이 흐르면 집단에서 그런 행동을 하는 사자들이 더 많아질 것이다. 키도 마찬가지다. 그저 사냥 전략을 키로 바꾸기만 하면 된다.

키와 사냥 전략 같은 형질들이 유전자를 통해 한 세대에서 다음 세대로 전달된다는 주장은 합리적인 것처럼 보인다. 아이가 생물학적 부모를 닮는다는 것은 누구나 알고 있다. 당신이 고등학교를 마친 뒤로 생물학 강의를 전혀 듣지 않았다고 해도, 부모가 유전자를 자손에게 전달했기 때문에 그렇다는 것쯤은 알고 있다. 하지만 1859년 《종의 기원》을 펴냈을 때 다윈은 유전자가 무엇인지 몰랐다. 아무도 몰랐다. 20세기가 될 때까지 대다수 과학자들은 오늘날 우리가 이해하고 있는 유전 개념을 전혀 모르고 있었다. 그러다가 유전의 메커니즘이 발견되자, 그 메커니즘이 다윈이 생각했던 모든 형질의 유전에 적용된다는 것이 즉시 드러났다.

그레고어 멘델은 오스트리아의 수도사들 중에 가장 유명한 사람이다. 유전자의 본질적인 개념을 발견한 사람이 바로 멘델이다. 멘델은 1865년 완두의 키 유전에 관한 단순하면서도 멋진 실험들을 끝냈다. 그의 연구는 유전학 시대를 열었다. 하지만 멘델의 연구가 주로 1850년대와 1860년대에 이루어졌음에도, 그의 발견 결과는 1900년이 되어서야 세상에 알려졌다. 다원의 위대한 이론은 과학계가 유전자라고 불리는 것을 이해한 시기보다 40년 앞서 등장했다. 사실 유전의 단위를 뜻하는 학술 용어인 유전자라는 말은 1909년이 되어서야 등장했다.

유전자와 다원의 관계는 기묘하다. 다원의 자연선택 이론은 유전자가 무엇인지 제대로 알지 못한 상태에서 제시되었는데도 옳았다. 더구나 그 이론은 유전을 다룬 구체적인 항목들에서는 틀린 부분이 많았는데도 전체적으로는 옳았다. 다원은 "제뮬 gemmule"이라는 용어를 중심으로 형질이 다음 세대로 전달되는 과정을 나름대로 설명했다. 그는 몸의 각 부위에서 제뮬이라는 아주 작은 입자들이 떨어져 나와 성세포로 모여든다고 믿었다. 그리고 자손의 몸 속에서는 어머니와 아버지의 제뮬들이 서로 뒤섞인다고 보았다. 다원의 생각에는 두 가지 중요한 오류가 있었다. 첫째, 몸의 각 세포는 성세포로 아무것도 떼어 보내지 않는다. 둘째, 유전의 단위(다원이 제뮬이라고 불렀고, 우리가

유전자라고 부르는 것)는 서로 뒤섞여 자신의 정체성을 잃는 것
이 아니라, 대개 원래의 상태를 유지하고 있다. 멘델을 제외한
그 시대의 다른 거의 모든 과학자들과 마찬가지로, 다윈도 현재
우리가 알고 있는 유전학의 기본적인 내용들을 깨닫지 못했다.
달리 보면, 이렇게 자연선택 이론이 유전자를 전혀 모르는 진공
상태에서 개발되었다는 사실은 그가 정말로 놀라운 통찰력과 창
조성을 지닌 인물이었음을 입증하는 것이기도 하다.

멘델이 유전의 기본 법칙들을 발견하고 "유전자"라는 단어
가 과학 용어로 널리 받아들여지자, 곧 유전자는 형질을 다음
세대로 전달할 수 있는 수단으로 여겨지게 되었다. 우리는 현재
전 세계의 연구실에서, 그리고 정신분열증 유전자, 동성애 유전
자, 알코올 중독 유전자 등이 발견되었다는 언론 기사에서 이런
관점이 유지되고 있는 것을 본다. 이 형질의 유전자, 저 형질의
유전자 등등. 우리는 분자생물학이 거의 매주 뉴스의 표제를 장
식하는 시대에 살고 있는 셈이다.

진화생물학이라는 분야를 한 문장으로 요약할 수 있다면,
이렇게 말할 수 있을 것이다. "유전자는 그 안에 담긴 것이 무엇
이든 간에 자신을 복제해 다음 세대로 전달하는 일을 하도록 선
택된 것이며, 나머지는 세부 사항에 해당할 뿐이다." 그렇다면
자연선택은 번식과 직접 관련이 있는 행동 형질들에 가장 효과
적으로 강하게 작용할 것이다. 따라서 유전자가 동물들의 행동

에 가장 강하게 영향을 미치는 시기를 고르라면, 짝짓기를 할 때라고 생각할 수 있다. 그래서 이 책도 주로 그런 행동에 초점을 맞출 것이다.

　짝 선택의 유전자 모델들이 없는 것도 아니며, 그런 모델들을 뒷받침하거나 반박하는 자료가 없는 것도 아니지만, 일단 짝 선택의 유전자 모델들을 살펴보고 이 모델들을 경험적으로 검증하는 일에 착수하면 뚜렷한 사실이 하나 드러날 것이다. 그것은 지난 60년 동안 짝짓기를 개념화하고 분석하는 틀이 있어 왔고, 동물들이 짝(그리고 다른 많은 행동들)을 선택할 때 유전자가 역할을 한다는 것이 명백한 사실이긴 하지만, 짝짓기의 유전적 통제를 다룬 문헌들은 모방에서 비롯되는 문화적 변수들을 고려한 더 복잡한 접근 방식이 필요함을 보여준다는 것이다. 짝짓기의 유전자 모델들은 짝 선택이 전적으로 유전적 성향에 의존하고 있다고 가정한다. 이 모델들은 암컷과 수컷이 집단 내에 있는 다른 개체들의 행동에 전혀 주의를 기울이지 않으며, 집단에 내재된 단순한 문화적 규칙들에 따라 행동을 바꾸는 일도 없다고 본다. 지금의 우리는 이런 생각이 잘못되었다는 것을 안다. 문화적 규칙들은 중요하다. 그것도 매우.

유전적 진화와 문화적 진화

유전자는 자신을 복제해 그 복사본을 다음 세대로 전달한다. 유전자는 행동, 특히 짝 선택 행동에 영향을 준다. 유전자는 강력한 세대 간 정보 전달자이다. 행동 정보를 세대 간 및 세대 내에 전달할 수 있는 또 하나의 중요한 수단이 있다. 심리학이 탄생했을 때부터 수많은 심리학자들이 받아들여 온 그 수단은 문화적 정보 전달이다.

문화가 인간이 아닌 다른 동물들의 행동에 중요한 역할을 할 수 있다는 개념은 적어도 다윈의 친구인 조지 로먼스에게까지 거슬러 올라간다. 로먼스는 동물의 지능을 처음으로 상세히 연구한 심리학자들 중 하나였다. 하지만 이 책의 목적에 비춰볼 때는 그런 측면보다는 그가 모방 분야에서 선구적인 연구를 했으며, 그의 연구가 동물이 모방 같은 기법을 활용해 정보를 전달한다는 것을 보여주었다는 사실이 더 중요하다.

"문화"의 정의는 그야말로 수백 가지가 있다. 인류학자, 심리학자, 사회학자, 생물학자는 나름대로 문화를 정의하며, 그 하위 분야들에 속한 사람들도 마찬가지다. 이 책에서 나는 문화, 더 구체적으로 말해서 문화적 정보 전달을 시행착오 학습, 관찰과 모방을 통한 사회 학습, 일부 특수한 상황에서의 교육이 혼합된 것으로 보려 한다. 시행착오 학습 자체는 문화의 구성

요소가 아니다. 문화의 필수 조건인 개체 간 정보 전달을 수반하지 않기 때문이다. 이반 파블로프의 개를 예로 들어보자. 파블로프는 1800년대 말 심리학계에 조건 행동conditioned behavior을 소개한 인물이다. 그는 개가 종소리를 들으면 음식을 떠올리도록 학습시켰다(그는 이 연구로 1904년 노벨상을 받았다). 하지만 이 실험에서는 그 개와 다른 개와의 정보 전달이 전혀 이루어지지 않았다. 만일 파블로프의 개들 중 어느 개가 다른 개에게 종소리와 음식 자극을 결합시키라고 가르치거나, 더 나아가 어느 개가 다른 개의 훈련을 지켜보면서 스스로 학습을 했다면, 우리는 개의 문화를 주제로 이야기를 시작할 수 있을 것이다.

문화 자체는 적어도 두 가지 방식으로 진화할 수 있다. 첫째, 문화 규칙들을 담고 있는 유전자가 실제로 있을 수 있다. 이 것을 제I형 문화적 진화라고 하자. 한 유전자에 두 가지 변형 형태가 있다고 가정해 보자(전문 용어로는 대립 유전자라고 한다). 이 유전자의 1번 변이체는 개체에게 먹이 찾기 같은 행동을 다른 개체들이 어떻게 하는지 보고 모방하라고 지시하는 반면, 2번 변이체는 모방 부호를 지니고 있지 않다고 하자. 남을 모방하는 행동이 그렇지 않은 행동보다 더 낫다면, 시간이 흐를수록 1번 변이체의 빈도가 더 늘어날 것이라고 예측할 수 있다. 그렇게 해서 모방하는 습성은 집단 전체로 퍼져 나간다. 이런 과정을 통해, 먹이 찾기 같은 행동은 모방을 가능하게 하는 유전자가 전혀 없을 때보다 훨씬 더 급속하게 퍼져갈 수 있다. 더 중요한 점은 설령 유전자가 문화 규칙들의 부호를 지니고 있다고 해도, 행동 변화가 시작되자마자 그 문화 부호를 지닌 유전자와 거의 완전히 다른 길로 나아갈 수 있다는 것이다.

문화적 전달이 진화할 수 있는 두번째 방식은 유전적 토대가 없다는 점에서 첫번째와 전혀 다르다. 이것을 제II형 문화적 진화라 하자. 이것도 유전적 진화와 비슷한 방식으로 작용하지만, 세대 간에 전달되는 단위가 유전자가 아니라 문화 규칙이라는 점에서 다르다. 유전자와 마찬가지로, 문화 규범들도 다른 규범들과 경쟁해 이기는 것들은 시간이 흐르면서 더 널리 전파될 수 있다(그것을 채택한 사람들의 번식 성공률이 증가함으로써). 당신이 낯선 지역에 와 있고 한 가지 문제에 직면해 있다고 하자. 당신이 택할 수 있는 문화 규범은 두 가지뿐이라고 하자. "비슷한 문제들에 직면했을 때 늘 하던 식으로 한다"와 "주위를 살펴보고 그곳 사람들이 하는 식으로 따라서 행동한다"가 그것이다. 나중 규칙이 더 잘 들어맞는다면(즉 더 많은 혜택을 제공한다면), 그리고 다른 사람들도 모방이나 학습을 통해 이 규칙을 채택해 나간다면, 문화적 진화는 이 "로마에 가면 로마 법을 따르라"는 규칙을 선호할 것이고, 시간이 지나면서 그 규칙의 빈도는 늘어갈 것이다.

유전적 진화와 문화적 진화 사이에는 절대적으로 중요한 두 가지 차이가 있다. 첫번째, 유전적 진화와 달리 제II형 문화적 진화에서는 설령 그 규범을 채택한 개인들에게 반드시 혜택이 돌아오지 않는다 해도 그 행동이 퍼질 수 있다는 것이다. 이것은 복잡한 과정을 거쳐 이루어지기도 한다. 두번째 차이가 더 중요하다. 두번째는 유전적 진화 속도와 문화적 진화 속도가 크게 다르다는 것이다. 우리는 보통 수백 세대만에 자연선택이 대다수의 행동에 뚜렷한 차이를 빚어낼 때, 그 유전적 진화를 빠르다고 말한다. 때로는 수만 세대에 걸쳐 유전적 진화가 진정한 변화를 이끌어낼 때 빠르다고 말하기도 한다. 하지만 문화적 변화는 단 몇 세대만에 엄청난 변화를 쉽게 일으킬 수 있다. 사실 문화적 변화는 개체가 살아 있는 동안에 극적인 변화를 일으킬 수도 있다.

1836년 6월, 당시 세계 최고의 부자라고 일컬어지던 네이슨 로스차일드는 아들 라이오넬의 혼인식에 참석키 위해 프랑크푸르트로 떠났다. 도중에 몸에 종기가 났다. 종기는 점점 더 악화되어 갔지만, 그는 여러 의사들을 불러 치료를 받으면서 계속 일을 했다. 7월 말 로스차일드는 사망했다. 그가 종기 때문에 죽었는지, 아니면 종기를 잘라내려고 한 의사들의 소독되지 않은 더러운 수술 칼에 감염되어 죽었는지는 확실하지 않다. 어쨌든 이 이야기의 요점은 그것이 아니다. 로스차일드는 인간의 세대로 따지면 7~8세대쯤 앞선 150년 전에 살았으며, 그 기간은 유전적 진화가 우리 몸의 종기 저항성에 의미 있는 변화를 일으키기에는 너무 짧다. 하지만 교육과 모방이라는 메커니즘을 갖춘 문화적 진화는 로스차일드를 죽음으로 내몬 질병을 별 것 아닌 사소한 문제로 치부하게 될 의학 지식을 바로 지난 세대에 우리에게 안겨주었고, 그 지식은 전 세계 대부분의 지역으로 퍼졌다. 속도로 따지면, 유전적 진화는 문화적 진화에 상대가 되지 않는다.

　인류학자와 심리학자는 문화 개념을 연구하고 행동을 형성하는 데 문화가 얼마나 중요한지 자나깨나 탐구하고 있으면서도, 문화적 전달이 장기적으로 특정 행동의 분포에 어떻게 영향을 끼칠지 정확히 예측할 수 있는 모델을 거의 내놓지 못하고 있다. 대개 그런 모델을 개발하는 작업은 진화생물학자들이 맡아왔다. 진화생물학자들이 최근에 개발한 모델들은 유전적 모델들을 대체하면서, 모든 행동과학자들에게 짝 선택 같은 특정한 행동에 문화가 어떤 작용을 하는지 뿐 아니라, 비교적 작은 뇌를 가진 단순한 동물들에게 문화가 어느 정도까지 큰 영향을 미칠 수 있는지를 다시 생각하도록 만들고 있다. 이런 동물들에게서 문화는 몇몇의 행동이 수많은 개체들의 진화 경로를 크게 바꿀 수 있는 길을 열어준다.

　짝 선택의 문화, 더 구체적으로 말해서 암컷이 동료 암컷들의 선택을 모방하는 과정을 모델로 만들기 위해 수많은 이론들이 제시되어 왔다. 앞으로 살펴보겠지만, 이런 이론들은 각각 동물 세계의 특정한 측면들을 조금씩 포착하고 있다.

멧닭의 짝짓기 경연장

알란 릴은 1974년 트리니다드 섬에서 흰수염무희새white-bearded manakin의 짝짓기 행동을 연구하던 중에, 어느 짝짓기 경연장에서 80퍼센트가 넘는 암컷들을 한 수컷이 독차지하는 것을 목격했다. 릴은 그 암컷들이 서로의 짝 선택 행동을 그대로 따라하거나 모방한다고 보면 그 현상이 설명될 수 있다고 말했다. 즉 암컷들의 짝 선호가 초보적인 형태의 문화를 통해 전달될 수 있다는 것이다.

릴의 뒤를 이어서 다른 많은 연구자들도 렉lek(일부 조류에서 볼 수 있는 수컷의 공동 구혼장 /옮긴이)이라고 하는 이런 경연장에서 짝을 짓는 새들과 포유동물들에서 뛰어난 수컷들이 많이 있음에도 한 수컷이 암컷들을 거의 독차지하는 현상을 발견했다. 그러나 그런 짝짓기 경연장에서 암컷들이 서로를 흉내낸다는 것을 증명하기란 쉽지 않았으며, 그 현상은 1990년대 초까지 그저 신기한 일로만 여겨지고 있었다. 그러다가 야코브

회글룬드가 이끄는 스칸디나비아 연구진이 멧닭들의 짝짓기 모
방 현상을 구체적으로 연구하기 시작했다.

멧닭의 짝짓기 경연장은 구주소나무, 독일가문비나무, 자
작나무에 둘러싸인 곳으로서, 핀란드 중부의 습지 곳곳에 흩어
져 있다. 무희새가 그랬듯이, 멧닭도 "상위 수컷" 한 마리가 경
연장에 있는 암컷의 약 80퍼센트를 독차지한다. 짝짓기에 앞서
암컷들은 여러 차례에 걸쳐 경연장을 답사한다. 때로는 암컷들
이 무리를 지어 그 경연장에 있는 각 수컷들의 영역을 둘러보기
도 한다. 회글룬드 연구진은 최근에 짝짓기를 한 수컷이 확률적
으로 계산한 것보다 더 짧은 시간 안에 다시 짝짓기를 한다는 것
을 관찰하고서, 모방이 원인일 수 있다고 주장했다. 게다가 평
균적으로 볼 때 나이 든 암컷들이 젊은 암컷보다 3일 먼저 짝짓
기를 했다. 그것은 젊은 암컷들이 모방을 한다는 것을 암시한
다. 즉 나이 든 암컷들이 젊은 암컷들을 모방하는 것이 아니라,
젊고 경험이 없는 암컷들이 나이 든 암컷들을 지켜보고 그들의
행동을 배운다고 보면 딱 들어맞는다.

회글룬드 연구진은 재미있는 실험을 해 보았다. 그들은 렉
에 있는 수컷들의 영역에 암컷 박제들을 놓아두고 지켜보았다.
먼저 암컷들이 오기 전 이른 아침에 수컷 일곱 마리를 선택해 각
영역에 멧닭 박제를 놓았다. 수컷들은 이 암컷 박제에게 구혼
행동을 보였고, 심지어 여러 차례 교미하려 시도하기도 했다.

도착한 암컷들은 이 박제 암컷들이 있는 영토의 수컷에게 더 많
은 관심을 보였다. 멧닭 렉에서 수컷들의 교미 성공률이 큰 편
차가 나는 것이 신체적 형질 집합만이 아니라 모방 때문이라고
보면, 이런 관찰 결과가 나올 것이라고 예상할 수 있다.

회글룬드 연구진과 다른 많은 연구자들의 연구 결과는 지
능과 문화가 강하게 연결되어 있을 필요가 없다는 것을 명확히
보여준다. 몸길이가 5밀리미터밖에 안 되는 동물은 지능이 없을
수도 있지만, 초보적인 형태의 문화는 갖고 있다. 중요한 것은
뇌의 크기가 아니라 남이 하는 것을 자신의 행동 목록 속에 통합
시키는 능력이다.

기린의 목

최근의 문화적 진화 연구는 생물학 역사에서 가장 논란을
불러일으켰고 가장 기피되고 있는 이름인 장 바티스트 드 라마
르크(1744~1829)에게 새로운 생명을 불어넣고 있다. 당시에
는 생물학계의 거장으로 상당한 명성을 누렸지만, 라마르크라는
이름은 그 뒤 획득 형질의 유전이라는 잘못된 개념과 묶이게 되
었다. 라마르크의 더 원대한 "형질 전환 이론"의 일부였던 이 개
념은 다음과 같은 식으로 전개된다. 개체는 어떤 기관을 끊임없

이 사용해 변화를 일으킬 수 있고, 그 변화(즉 새로 획득한 형질)는 다음 세대로 전달될 수 있다.

　라마르크의 생각을 보여주기 위해 사용된 고전적인 예는 기린 목 길이의 진화다. 표준 자연선택 모델들은 본래 목 길이는 다양하며 더 긴 목을 가진 기린이 더 많은 먹이를 먹게 될 것이라고 가정한다. 따라서 목 길이가 유전되는 형질이라면, 긴 목을 가진 기린들은 더 많은 자손을 낳을 것이고, 시간이 흐르면 집단의 평균 목 길이가 늘어난다고 본다. 하지만 라마르크의 이론은 전혀 다른 식으로 전개된다. 획득 형질의 유전 모델은 기린이 목을 끊임없이 사용함으로써 목 길이를 좀더 늘일 수 있다고 본다. 이렇게 새로 늘어난 목 형질, 즉 나무 위쪽으로 더 높이 달린 먹이를 먹으려고 계속 애쓴 결과로 늘어난 목은 다음 세대로 전달된다는 것이다. 라마르크의 주장을 현대적인 의미로 바꾸면 그저 어떤 기관을 쓰면 그것에 변화가 생긴다는 말이 된다. 이 변화는 그 기관의 유전적 토대에 영향을 미치고, 그것이 다음 세대로 전달된다는 것이다.

　지금의 우리는 라마르크의 인과율 화살이 잘못된 방향으로 나아가고 있었다는 것을 알고 있다. 이런 사용이 한 개체의 몸 속 어느 기관의 구조에 변화를 일으킬 가능성은 분명히 있으며, 아니 사실상 그럴 가능성이 높긴 하지만, 그것이 되먹임 작용을 통해 그 개인의 유전적 조성을 실제로 변화시키는 일은 일어나지 않는다. 라마르크는 획득 형질의 변화한 유전적 구조가 다음 세대로 전달될 수 있다고 보는 오류를 저질렀다. 하지만 라마르크의 생각은 획득 형질과 유전자라는 측면에서는 틀렸을지라도, 획득 형질과 진화라는 측면에서는 틀리지 않았다. 문화적 진화는 본래 새로운 형질의 획득과 그 획득 형질을 다음 세대로 전달하는 것과 관련이 있다. 당시에 유전자라는 개념조차 없었다는 점을 고려할 때, 20세기에 수많은 사람들이 믿었던 잘못된 직관들에 비하면 라마르크의 직관은 그다지 잘못된 것이 아니었다.

진화가 어떻게 일어나는가라는 측면에서 보면, 다윈의 자연선택 개념과 라마르크의 생각에 전혀 다른 부분이 많긴 했지만, 다윈 자신도 획득 형질이 유전된다는 라마르크의 생각을 받아들였다는 말을 덧붙여야 하겠다. 사실 다윈은 자연선택이 가장 중요하다고 믿으면서도, 한편으로는 라마르크의 획득 형질 개념이 자신의 생각과 모순되지 않는다는 것을 보여주기 위해 무척 고심했을 만큼 라마르크의 생각에 심취했다.

천성 대 양육 가설

유전적 진화와 문화적 진화의 관계는 정치색이 짙게 배어 있는 음울한 "천성 대 양육" 논쟁의 재판이 절대 아니다. 무엇보다도 천성 대 양육 문제는 이 논쟁의 기본 용어인 "천성"과 "양육"을 현 단계에서 유용하게 정의할 수 없다는 점 때문에 언제나 명쾌하게 풀리지 않은 상태로 남아 있다. 천성은 (1) 유전자 하나나 유전자 집합의 통제를 어느 수준으로 받는 형질이거나 (2) 유전적 통제를 받는 형질이면서, 많은 변이가 존재하는 유전적 형질을 뜻할 수 있다. 모든 사람이 X라는 행동의 발현을 통제하는 유전자를 갖고 있다고 말하면, 우리는 후자가 아니라 전자의 의미에서 "천성"을 이야기하고 있는 것이 된다. 모든 사람이 갖고 있다는 것은 유전적 변이가 없다는 말이기 때문이다.

천성을 이야기할 때 나타나는 이런 애매함은 양육을 말할 때도 똑같이 나타난다. 주디스 해리스는 《양육 가설》이란 책에서 역사적으로 양육이 "부모 환경"과 동의어로 사용되어 왔다는 것을 보여주었다. 그런 한편으로 그녀는 자신의 연구 결과, 양육 효과가 실제로 발휘되는 곳은 또래 집단이라는 환경이라고 주장한다. 다행히 현재 유전적 진화나 문화적 진화 양쪽에서 유전자와 문화의 상호 작용을 다루고 있는 과학 문헌들은 정의를 꽤 정확히 내릴 수 있도록 해 준다.

이 책에서 취한 관점과 천성 대 양육 논쟁이 취한 관점의 더 큰 차이는 개체와 집단의 구별이다. 천성 대 양육 논쟁은 개체에 초점을 맞춘다. 가령 누군가 실패(또는 성공)했을 때, "천성"과 "양육" 중 어느 쪽이 주된 요인일까? 반면에 이 책에서 제시하는 유전자와 문화 관점은 개체의 행동이 장기적으로 집단에 어떤 변화를 일으킬 수 있을까에 초점을 맞추고 있다. 이 접근 방식에서 대단히 흥미로운 점은 유전적 진화와 문화적 진화로 말미암아 삶의 경관에 대규모 변화가 일어난다는 것을 인정하고 있다는 점이다.

천성과 양육은 특정한 시점에서 조사한, 맥락에서 떼어놓은 상호 배타적인 힘들을 의미할 때가 많다. 반면에 행동의 유전적 요소와 문화적 요소는 둘 다 전혀 예상하지 않은 방향으로 달아날 수 있고 시간의 흐름에 따라 요동치는 매우 역동적인 것이다. 어느 쪽이 주도하느냐는 상황에 따라 달라진다. 이것은 천성 대 양육 논쟁에서 볼 수 없는 특징들이다.

현재 이 분야는 이론생물학의 황금 시대에 와 있다. 이 분야의 지도자들 중에 로버트 보이드와 피터 리처슨이 있다. 그들은《문화와 진화 과정》에서, 생물학자들과 인류학자들이 이따금 "'환경'이 같은 행동을 빚어내는데, 문화를 환경 변이에 대한 반응으로 다루면 안 되는 이유라도 있는가?"라는 질문을 한다고 적었다. 즉 문화를 생물들이 환경에 적응하고 환경을 그 상태로 유지하기 위해 쓰는 또 하나의 수단이라고 생각하면 왜 안 되는가? 왜 그렇게 모두 야단법석을 떠는 것일까? 이유는 단순하다. 다른 환경 영향들과 달리, 문화적 영향은 개체에서 다른 개체로 전달되기 때문이다. 이것은 한 개체의 행동이 그 개체의 일생보다 더 짧은 기간에도 집단 전체의 행동 양상을 변화시킬 잠재력을 지니고 있다는 것을 의미한다. 그것이 모든 차이를 만든다.

이기적 유전자

역사적으로 진화생물학자들은 문화가 동물의 행동을 이해하는 데 중요하다는 생각을 받아들여야 할지 생각할 때 매우 신중한 태도를 보여 왔다. 사실 많은 저명한 진화생물학자들은 지금도 행동을 유전자와 완전히 분리시키기를 주저하고 있다. 심지어 인간의 행동을 이야기할 때도 그렇다. 이기적인 유전자라는 개념을 내놓음으로써 20세기 후반 생물학계의 거장이 된 리처드 도킨스는 사실상 우리 모두가 유전자의 지배를 받는 로봇이라고 말한다. 동물의 모든 행동은 유전자를 복제하라는 유전적 명령으로 설명할 수 있다는 것이다. 그는 동물에게서든 인간에게서든 간에 우리 눈에 보이는 것들은 거의 모두 추적해 보면 유전자와 연결되어 있다고 수십 년 동안 주장해 왔다. 그는 더 나아가 동물들(인간을 포함해)이 살고 있는 거처, 그들의 복잡한 행동 습성들, 심지어 그들의 개성까지 포괄할 만큼 유전자의 손이 믿을 수 없을 만큼 길게 뻗어 있으며, 유전자와 분리되어 있는 듯이 보이는 것들은 사실상 환영이라고 말한다. 그 주장에 따르면, 유전자의 힘이 간접적으로 이 모든 현상들을 만들어낸다는 것이다. 따라서 문화는 단지 막 뒤에서 일하고 있는 유전자에 다름 아닌 셈이다. 그 뒤 도킨스는 "밈"이라고 이름 붙인 별도의 문화적 단위(5장에서 상세히 다룰 것이다) 개념을 탐구함으로써 자신의 견해를 다소 완화시켰지만, 많은 행동생물학자들은 그의 밈 이전의 견해에 교조적으로 계속 집착하고 있다. 그리고 어쨌거나 밈은 도킨스의 생명의 오케스트라에서 유전자의 조역을 맡고 있다.

문화는 단순한 것에서부터 복잡한 것에 이르기까지 모든 생명체에게 작용하는 강력한 진화적 힘이라는 주장을 회의적으로 보는 시선도 많은 요인들에 비춰볼 때 나름대로 타당성이 있다. 문화가 오랜 진화 시간 동안 어떻게 작용할 수 있을지 규명해 줄 타당한 이론 틀이 없는 것도 아니다. 지난 20여 년 동안 몇몇 진화생물학자들은 문화의 진화를 이해하기 위한 이론 틀을 만들어 왔다. 이 이론적 혁명은 행동의 진화를 연구하는 경험론자들에게 행동의 진화를 보는 관점을 바꾸도록 하고, 행동과 전달을 규명하는 새로운 연구 방법을 설계하도록 자극해 왔다.

정보를 전달하는 수단이 두 가지라는 것, 즉 유전자와 문화라는 것이 점점 더 받아들여지는 한편으로, 이 두 전달 방식 각각이 가장 우세할 때가 언제인지 규명해 줄 새로운 이론적 발전들도 이루어져 왔다. 이 모델들은 전체적으로 유전적 전달이 안정된 환경에서 가장 효율적일 것이라고 예측한다. 반면에 문화 전달 능력은 끊임없이 변화하는 환경에서 행동에 관한 정보를 전달할 때 특히 효율적인 수단이 된다는 것이다. 이런 발견 뒤에 숨은 논리는 단순하다. 비교적 안전하게 머물러 있을 때는 고정된 정보 전달 수단(남으로부터 배우는 잡다한 것에 의존하지 않는 수단)이 선택될 것이다. 따라서 그런 환경에서는 유전자가 성공을 거둔다. 반면에 주변 세계가 단기적 및 장기적 양쪽으로 끊임없이 변화하고 있을 때에는, 새로운 규칙과 혁신(오류를 만드는 데 드는 부대 비용까지 포함해서)을 허용하는 수단이 가장 좋을 것이다. 따라서 이런 환경에서는 문화적 전달이 우세할 것이다.

유전자와 문화의 상호 작용

문화적 진화와 유전적 진화는 기묘한 방식으로 상호 작용을 한다. 이 두 힘은 협력할 수도 있고, 서로 충돌할 수도 있다. 유전자나, 문화나, 아니면 둘의 어떤 조합이 우세할 수도 있으며, 모든 상호 작용이 가능하다. 더 나아가 유전자가 문화의 부호를 지니고 있을 수도 있지만, 일시적인 유행 같은 그 문화의 발현 양상은 유전적 건축물을 연구해 보았자 제대로 파악할 수가 없다.

이론가인 보이드와 리처슨은 자신들의 이중 유전 모델에서, 문화적 진화의 세계에도 유전자 빈도에 변화를 가져오는 힘들과 유사한 힘들이 있다고 주장한다. 그들의 모델은 집단유전학자들이 개발한 것과 비슷한 기법들을 통해 문화적 변화를 연구할 수 있다는 것을 보여준다. 더 나아가 그들은 문화적 진화와 유전적 진화가 어떻게 같은 방향이나 서로 반대 방향을 향할 수 있는지, 특정한 상황에서 어느 쪽이 지배적인 힘이 될 수 있는지를 설명한다.

보이드와 리처슨의 이론에 따르면, 문화적 진화와 유전적 진화가 각각 짝 선택에 어떤 영향을 미치는지 조사하는 일은 더 중요한 질문을 위한 무대를 마련하는 것밖에 안 된다고 한다. 유전자와 문화는 어떤 식의 협력적 또는 경쟁적 상호 작용을 통해 행동을 형성하는 것일까? 그리고 "어떤 조건에서 우리는 문화적 영향이 유전적 요인보다 우세해지고, 어느 때 그 반대 상황이 된다고 예상할 수 있을까?" 이런 문제들을 규명하기 위해, 우리는 유전자와 문화의 전혀 다른 두 가지 상호 작용 양상을 살펴볼 것이다. 그런 한편으로 유전적 진화와 문화적 진화는 서로를 강화하거나 서로를 상쇄시키는 두 가지 다른 진행 양상을 띠기도 할 것이다. 유전자가 어떤 적응 행동들을 집단 전체에 빨리 퍼지게 할 문화 규범들의 부호를 정말로 지니고 있다면, 유전자와 문화의 상호작용은 더 간접적이고 복잡하다. 그렇다면 이 두 과정들의 구분이 어느 정도 모호해지겠지만, 그런 한편으로 유전자가 문화의 부호를 지니고 있으면서도 문화가 유전자만 있을 때 예상되는 것과 다른 행동들이 끌어내는 기묘한 가능성들도 생긴다.

　현재 나오고 있는 자료들은 유전자와 문화가 동물의 짝짓기라는 상황에서 정말로 놀랍고 예기치 않은 방식으로 상호 작용을 한다는 것을 보여준다. 몸길이가 2센티미터에 불과한 물고기인 거피를 생각해 보자. 이 종의 암컷은 선천적으로 몸에 오렌지색이 많은 수컷들을 좋아한다. 이렇게 유전자에 기반을 둔 선호도와 짝 선택 모방 행동을 결합시키면, 화려한 수컷과 거피 암컷들을 대상으로 암컷이 짝 선택을 할 때 유전적 요인과 문화적 요인이 상대적으로 얼마나 중요한지 조사하는 이상적인 실험이 가능해진다. 1996년에 내 연구실에서 그런 실험이 이루어졌다. 내가 창조한 상황은 굳이 말하자면 진화 멜로드라마였다. 암컷의 유전적 성향은 오렌지색이 더 뚜렷한 수컷 쪽으로 "끌어당기고" 있었지만, 사회적 신호들과 서로의 선택을 흉내내는 능력은 암컷을 정반대 방향, 즉 앞에 있는 수컷 두 마리 중에 더 칙칙한 쪽으로 끌어당기고 있었다. 수컷들의 오렌지색 양에 약간 차이가 있을 때면, 암컷들은 항상 오렌지색이 덜한 쪽을 선택했다. 다시 말해, 그들은 그런 수컷 곁에 있는 암컷의 선택을 모방했다. 여기서는 문화, 즉 짝 선택을 모방하는 경향이 오렌지색이 많은 수컷을 선호하는 유전적 성향보다 우세했다. 그러나 수컷들의 오렌지색 양이 크게 다를 때는 암컷들은 칙칙한 쪽을 무시하고 오렌지색이 많은 수컷을 선택했다. 여기서는 유전적 성향이 문화적 영향을 가린 셈이다. 거피 암컷들 눈에 비치는 수컷들의 색깔 차이에는 역치(생물체가 자극에 대한 반응을 일으키는 데 필요한 최소한의 자극의 세기를 나타내는 수치 /옮긴이) 수준이 있는 듯하다. 역치 아래에서는 문화적 영향이 암컷의 짝 선택을 결정하는 주된 역할을 하며, 그 역치 위에서는 문화적 영향이 유전적 요인을 극복할 수 없다. 바로 이것이 핀 머리 만한 크기의 뇌를 가진 물고기의 한계다!

유전자와 문화가 어떻게 협력하는지 조사하기 위해서, 우리는 먼저 유전적 요인과 문화적 요인을 따로따로 조사할 것이다. 그런 다음 "이기적 유전자" 모델들이 행동의 진화를 이해하는 데 큰 기여를 했으면서도, 동물과 인간에게 문화적 진화도 중요하다는 사실을 간과한 이유를 살펴볼 것이다. 그럼 다음 장에서는 개체가 짝을 선택하는 방식을 설명하는 데 쓰여 온 유전적 모델들을 다뤄보기로 하자.

이기적 유전자의 길게 뻗은 팔

2

어떻게 하면 당신을 사랑할 수 있나요? 방법을 알려줘요.

엘리자베스 배럿 브라우닝

딱 맞는 비유를 사용했을 때 얼마나 많은 혜택을 얻을 수 있는지를 알면 아마 놀랄 것이다. 비유도 과학에 나름대로 쓸모가 많다. 난해하고 전문적인 사항이나 철학적으로 파고들어야 할 상세한 주장들을 놓고 의사 소통을 해야 할 때 특히 그렇다. 생물학적 비유로 말하자면 리처드 도킨스를 따라올 사람이 없다. 지난 20여 년 동안 생물학에서 리처드 도킨스의 "이기적인 유전자"만큼이나 생물학자들의 마음을 휘어잡은 비유는 단연코 없다. 1976년 《이기적인 유전자》를 통해 과학계에 처음으로 소개된 이 비유는 지금 사회과학까지 포함해(비록 경멸적인 어조로 쓰일 때도 흔하지만) 모든 학문 분야에서 널리 다루어지고 있다.

도킨스가 명확히 밝혔다시피, 유전자가 "이기적"이라는 말이 정서적으로나 도덕적으로 문제가 될 만한 의미에서 그렇다는 것은 아니다. 사실 유전자는 길게 이어진 DNA 가닥에서 특정한 서열과 방향을 지니고 있으면서 다른 부위의 서열들과 어느 정도 구분되어 있는 짧은 조각에 지나지 않는다. 그러나 유전자는 이기적인 듯하다. 자연선택이 다음 세대에 자신을 가장 많이 복제하는 유전자를 가장 선호하기 때문이다. 이 때문에 자신의 부호 속에 무엇이 담겨 있든 간에 유전자들끼리 다음 세대에 대표자가 되는 영광을 누리기 위해 무자비한 경쟁을 벌이는 일도 흔하다. 따라서 비록 언제나 그런 것은 아니지만 종종 자연선택

은 자신만을 돕도록 프로그램이 짜여 있다는 의미에서 이기적인
듯이 보이는 유전자를 만들어내곤 한다. 이기적인 유전자 비유
가 유용하다는 것에 이의를 제기할 사람은 없다. 나도 늘 그 비
유를 사용한다. 그것이 진화생물학의 중요한 요소를 잘 포착하
고 있기 때문이다.

이기적인 유전자 개념이 지닌 문제는 많은 사람들이 이 비
유의 바탕이 되는 원리들이 동물 행동의 모든 것과 덤으로 인간
행동의 많은 부분을 설명한다고 믿는다는 점이다. 나는 진화생
물학에서 심각할 정도로 과소 평가되어 온 힘인 문화적 전달과
유전자/문화 상호 작용의 사례를 들어 이 가정에 도전장을 던질
생각이다. 이런 사례는 동물이 어떻게 짝을 선택하는가라는 맥
락에서 가장 분명히 드러난다. 하지만 동물의 짝 선택을 이론적
으로 경험적으로 연구한 사례들은 거의 모두 이기적인 유전자
개념을 사용하고 있다. 마치 그 개념이 출발점인 양 말이다.

《이기적인 유전자》의 관점은 생물학 전반에, 그 중에서도
짝 선택 연구에 깊이 배어 있다. 앞으로 살펴보겠지만, 《이기적
인 유전자》의 관점은 큰 그림의 많은 부분을 놓치고 있다. 짝 선
택에서 문화적 상호 작용과 유전자 – 문화 상호 작용의 역동적인
측면들을 이해해야만 우리는 인간과 다른 동물들이 어떻게 짝을
선택하는지, 그리고 더 나아가 의사 결정 양상이 전반적으로 어
떻게 진화하는지를 제대로 이해할 수 있다.

구애의 역사

성적 매력의 특성을 언급한 자료들은 많다. 우리는 카페에 앉아 나누는 잡담이나 텔레비전 드라마나, 대중 가요나, 심지어 부드러운 양탄자를 다룰 수도 있지만, 여기서는 찰스 다윈에게로 돌아가기로 하자. 다윈은《인간의 유래와 성 선택》에서 개체들이 왜 현재의 짝을 선택하는 것일까라는 의문을 풀기 위해 성 선택 이론을 내놓았다. 이 이론은 지금은 널리 알려져 있다. 다윈은 동물의 이런저런 삶을 짝을 얻기 위한 경쟁이라는 한 마디로 요약할 수 있다고 말했다. 대다수 종에서 수컷들은 암컷을 얻기 위해 직접적으로 경쟁을 벌이지만, 암컷들은 그렇지 않다. 이런 차이는 본래 수컷들은 수백만 마리의 정자를 만들고, 수컷들 중에서도 일부만이 놀라운 성공을 거둘 가능성이 있는 데 반해, 암컷들은 난자를 조금만 그것도 어느 정도 기간을 두고 만든다는 사실에서 비롯된다. 이 사실로부터 암컷들이 만드는 난자가 수컷이 얻기 위해 경쟁할 만한 가치가 충분한 희귀한 상품이라는 가정이 생긴다.

짝을 얻기 위한 수컷들 사이의 경쟁이라는 다윈의 새로운 개념은 우리가 현재 이해하고 있는 성 선택 개념의 토대가 되었다. 다윈에 따르면, 뿔과 정교한 깃털에서부터 구애 행동에 이르기까지, 짝짓기와 수정에 도움이 되는 수컷의 모든 형질들은 집단 내에서 진화하도록 되어 있다. 그런 형질을 가진 수컷들은 경쟁자들보다 더 많은 자손을 낳을 것이기 때문이다. 다윈은 이런 진화 과정을 성 선택이라고 불렀다.

암컷을 얻기 위한 경쟁은 목숨을 걸고 싸우는 수컷들의 모습을 떠오르게 한다. 그런 "사투死鬪"가 동물 세계에서 일어나는 것은 사실이지만, 그런 일은 아주 드물게 일어나며, 지배자가 되기 위해 수컷들끼리 벌이는 직접적인 경쟁에 비하면 덜 위험하다. 성 선택의 용어로는 이런 경쟁을 "성내" 선택이라고 한다. 상대 성(대개 암컷)을 얻기 위한 경쟁이 같은 성의 구성원들 사이에서 직접적으로 벌어지기 때문이다. 흔히 볼 수 있는 또 하나의 성 선택 메커니즘은 암컷의 선택이다. 즉 암컷이 여러 수컷들 중에 자신이 짝을 짓고 싶은 수컷을 적극적으로 고르는 것이다. 이것은 "성간" 선택이라고 부른다. 의사 결정 과정에서 양쪽 성의 개체들이 모두 참여하기 때문이다. 암컷들은 선택을 하고, 수컷들은 선택되기 위해 서로 간접적으로 경쟁을 한다. 다윈은 수컷에게 두드러지게 나타나는 장식적인 깃털, 화려한 색깔, 구애 행동 같은 많은 성적 형질들이 암컷의 짝 선택을 통해 진화한 것이라고 주장했다.

암컷들이 적극적으로 나서서 짝을 식별하고 고른다는 개념은 제기되자마자 논쟁에 휩싸였다. 이 논쟁은 남성 대 남성의 경쟁이 더 현란하고 눈에 띄는 데 반해, 여성들의 선택은 대개

훨씬 더 미묘한 과정을 통해 이루어진다는 사실과도 아마 어느
정도 관련이 있을 것이다. 하지만 지난 25년 동안 상당한 양의
과학적 증거들이 축적되어 왔으며, 그에 따라 기존의 관점도 변
해 왔다. 짝 선택에 관한 우리의 생각은 혁명적인 전환을 겪고
있다.

암컷들은 짝을 어떻게 고르는가

암컷들이 짝을 어떻게 고르는가 하는 것은 행동생태학에서
대단히 인기 있는 연구 주제가 되었다. 행동생태학 분야에는 학
술 잡지들이 많은데, 그 잡지들에는 거의 매호 암컷의 짝 선택
연구가 적어도 2편씩은 실리고 있다. 이런 연구들은 대상 종,
조사한 짝 선택 체제의 생태적 토대, 암컷을 유혹하는 수컷의
형질, 기타 변수들 측면에서 서로 너무나 제각각이다. 하지만
암컷의 짝 선택을 다룬 이 수천 편의 논문들을 하나로 엮는 공통
점이 하나 있다. 그것은 이 연구들이 거의 모두 암컷의 짝 선택
이 어느 정도 유전적 통제를 받고 있다고 암묵적으로 또는 명시
적으로 가정하고 있다는 사실이다. 즉 수컷에게 매력을 느끼는
유전자를 암컷이 하나 또는 여럿 지니고 있으며, 그런 유전자
복합체가 집단 내에서 변이를 보인다고 가정하고 있다. 어떤 유

전자 복합체가 짝 선택의 부호를 지니고 있는지도 거의 모르고, 그런 유전자들이 어디에 있는지도 거의 알지 못하지만, 거의 모든 연구자들은 그런 유전자들이 존재한다고 가정한다.

나도 많은 종에서 짝 선택에 관여하는 유전자들이 있다는 가정에 전혀 반대하지 않는다. 하지만 반드시 그렇다고 가정할 만한 이유는 전혀 없으며, 유전자가 짝 선택에 관여한다고 해도 그것은 전체적으로 보면 큰 그림의 극히 일부분에 불과할지 모른다. 어쨌든 우리는 먼저 짝 선택의 유전적 모델들과 그런 모델들을 뒷받침하거나 반박하는 경험적인 연구 자료들을 살펴보기로 하자.

암컷 짝 선택의 유전적 모델들은 네 유형으로 나눌 수 있다. 직접 혜택 모델, 좋은 유전자 모델, 동반 탈주 모델, 지각 편향 모델이 그것이다. 이런 모델들에 쓰이는 골치 아픈 수학은 빼버리고, 모델 각각을 차례로 살펴보기로 하자. 매달 나오는 학술 잡지들에서 이쪽 연구 결과들을 읽을 때면 내 머리 속에서는 이런 질문이 떠오른다. 만일 문화적 전달이 어떤 역할을 한다면, X라는 체제에서 어떤 변화가 일어날까? 하지만 유전자와 짝 선택을 연관지은 실험들과 모델들도 나름대로 설득력이 있으며, 그 점은 마땅히 인정해야 한다.

제비의 긴 꼬리가 주는 것

암컷 짝 선택의 직접 혜택 모델direct benefit model들은
진화 모델들 중 가장 단순하다. 이런 모델들은 본질적으로 자연
선택의 기본 개념을 암컷이 짝을 어떻게 선택하느냐는 문제에
그대로 적용한다. 직접 혜택 모델들에서 자연선택은 육아나 암
컷의 생존, 또는 양쪽에 도움이 되는 유형의 자원(정자 이외의)
을 제공하는 짝을 선택하는 유전적 성향을 지닌 암컷을 선호한
다. 예를 들면, 암컷들은 안전한 보금자리나 먹이를 제공하는
수컷이나, 자신이 좋은 아버지가 될 것이라는(이를테면 암컷과
자손에게 자원을 제공할 것이라는) 정보를 흘리는 수컷과 짝을
지으려 한다.

이상하게도 암컷이 적어도 부분적으로라도 직접적인 혜택
을 제공하는 수컷의 능력에 따라 수컷을 선택한다는 것을 모든
행동생태학자들이 받아들이고 있음에도, 직접 혜택 모델들을 엄
밀하게 검증한 사례는 찾아보기가 힘들다. 현대 과학의 특성도
이렇게 실험 연구가 부족한 한 가지 이유가 될 수 있다. 연구자
들은 직접적인 혜택이 암컷들에게 작용하는 명백한 힘이라고 단
순하게 생각한다. 따라서 굳이 통제된 실험을 하고 싶은 충동을
느끼지 않는다. 이 때문에 직접 혜택 모델들이 가장 예측 능력
이 뛰어나면서도 지금까지 암컷의 짝 선택을 다룬 모든 진화 모

델들 중 가장 덜 검증되었다는 역설이 생긴다. 하지만 직접 혜택 모델들을 검증한 사례가 전혀 없는 것은 아니다. 밑들이의 혼인 예물과 헛간제비의 기생 생물 감염 위험에 초점을 맞춘 두 건의 흥미로운 연구 사례가 있다.

7월에 미시건 남동부의 숲 속을 걷다 보면, 사방에서 밑들이류에 속한 한 곤충을 만나게 된다. 이맘때쯤이면 이 곤충의 성충 수가 1헥타르당 수천 마리를 헤아린다. 이 곤충을 손바닥으로 찰싹 때리기 전에, 이 점을 한번 생각해 보라. 이 원시적인 곤충이 혼인 예물을 주고받는 너무나 인간적인 행동을 하고 있다는 사실을 말이다. 곤충의 짝짓기 체제 연구의 선두 주자인 랜디 손힐은 암컷 짝 선택의 직접 혜택 모델들을 검증하기 위해 혼인 예물을 주고받는 이 곤충을 조사했다.

이 곤충의 암컷은 단순한 규칙에 따라 행동한다. 멋지고, 크고, 즙이 많은 먹이를 바치지 않는 수컷과는 짝짓기를 하지 않는다는 것이다. 이런 태도는 수컷에게 한 가지 고민거리를 안겨준다. 그런 먹이를 구하는 것은 매우 위험한 일이기 때문이다. 한 시기에 혼인 예물이 될 만한 먹이를 지니고 있는 수컷의 수는 고작 10퍼센트밖에 되지 않는다. 구애는 수컷이 혼인 예물을 암컷에게 주고, 암컷이 그것을 먹고 있는 동안 짝짓기를 하는 식으로 이루어진다. 먹이를 바치지 않은 수컷은 당장 퇴짜를 맞는다. 암컷의 식별 능력은 그 수준에 그치지 않는다. 암컷은 더 큰 예물을 바친 수컷과 더 오래 짝짓기를 한다. 수컷의 예물이 기준치(16mm²) 이하라면, 암컷은 수컷과 약 5분 정도 짝짓기를 할 것이다. 그러나 기준치보다 더 크면 대개 23분 정도 짝짓기를 한다. 손힐은 짝짓기 시간이 5분 정도에 불과할 때에는 정자가 전혀 전달되지 않는다는 것을 발견했다. 즉 수컷의 예물이 충분한 부피가 되지 않으면, 몇 분 정도 짝짓기를 할 수는 있을지 몰라도, 자손을 얻을 것이라는 기대는 하지 말아야 한다.

암컷 쪽에 그런 식별 능력이 있다는 점을 생각하면, 암컷이 그런 과정을 통해 무엇을 얻는가라는 질문은 굳이 할 필요도 없는 듯하다. 암컷은 커다란 예물을 바치는 수컷과 쩨쩨한 수컷을 명확히 구별할 수 있다. 그렇다면 그렇게 해서 얻는 혜택은 무엇일까? 암컷은 대단한 행운을 얻는다. 커다란 예물을 들고 오는 수컷들을 나서서 고르는 암컷들은 더 많은 알을 낳으며, 대개 수명도 더 길다. 진화생물학의 관점에서 볼 때, 이보다 더 직접적인 혜택은 찾기가 어렵다.

이 밑들이류 곤충들은 예물의 품질을 속일 수가 없다. 그것은 먹이이자, 암컷에게 있는 그대로 건네주는 것이기 때문이다. 하지만 수컷이 먹이 예물을 고치로 꽁꽁 싸서 암컷에게 건네는 종도 있으며, 아예 속에 든 것 없는 빈 고치만 건네는 종도 있다. 빈 고치를 건네는 수컷은 지르코늄 큐빅을 크고 그럴듯하게 포장해서 마치 다이아몬드인 양 건네서 암컷을 속이려 하는 것과 같다.

직접적인 혜택의 두번째 사례는 덴마크의 농가에서 찾아볼 수 있다. 덴마크 사람들은 2천 년 넘게 매혹적인 제비들과 사이 좋게 지내왔다. 제비들이 헛간이나 다른 높은 곳의 처마 밑에 떼지어 살고 있는 것도 놀랄 일은 아니다. 그 2천 년 중 지난 15년 동안 안데르스 파페 묄레르만큼 열정을 갖고 제비를 연구한 사람은 없을 것이다. 묄레르가 제비에게 반한 것은 제비가 "유럽의 흔한 새들 중에서 꼬리 길이라는 한 형질에서 성적 이형성이 매우 뚜렷이 나타나는 거의 유일한 새"이기 때문이기도 하다. 제비는 수컷의 꼬리가 훨씬 길다는 것을 빼면, 암수의 모양이 거의 똑같다.

당신이 제비에 관심이 있는 조류학자가 아니라면, 제비의 꼬리 길이가 성 선택과 암컷의 짝 선택에 대단히 큰 영향을 미친다는 것이 도저히 믿어지지 않을지도 모른다. 연구자들은 과학이라는 이름을 빌려, 제비 수컷들의 꼬리를 잘라보기도 하고, 깃털을 더 붙여 수컷의 꼬리를 더 길게 늘여보기도 했다. 이런 식으로 제비와 성 선택을 조사한 연구들이 수십 편이 있지만(대부분 묄레르가 한 것이다), 여기서는 암컷 선택의 직접 혜택 모델의 토대가 되는 이기적인 유전자와 제비, 그리고 기생 생물의 관계에 초점을 맞추기로 하자.

야생의 새들에게 헛간은 매우 살기 좋은 장소임이 분명하지만, 그곳에 사는 제비들의 삶이 늘 그렇게 즐거운 것만은 아니다. 야생의 삶에 배어 있는 한 가지 불쾌한 현실은 그 동물들이 오로지 공짜 먹이만을 계속 공급해 주기를 바라는 기생 생물들과 영원한 투쟁을 벌여야 한다는 점이다. 제비들은 기생 생물들에게 꽤 많은 몫을 떼어주고 있다. 제비의 기생 생물은 두 종류로 나눌 수 있다. 하나는 숙주의 몸 바깥쪽에 달라붙어 있는 체외 기생 생물로서, 이들은 숙주 개체 사이를 쉽게 옮겨다닐 수 있다. 다른 하나는 체내 기생 생물이다. 이들은 숙주의 몸 속에 살기 때문에 새로운 숙주로 옮겨가려면 꽤 정교한 방법을 써야 한다. 체외 기생 생물은 직접 혜택 모델을 검증하는 수단이 될 수 있다.

묄레르는 제비 연구를 하다가, 암컷들이 긴 꼬리 깃털을 가진 수컷들과 짝을 맺으려 한다는 것을 알아차렸다. 그런 수컷들이 꼬리가 짧은 동료들보다 체외 기생 생물인 진드기에 덜 감염되어 있는 사실이 드러났다. 암컷이 꼬리가 긴 수컷들을 선호하는 이유가 어느 정도는 체외 기생 생물을 적게 지닌 수컷들과 짝짓기를 함으로써 직접적인 혜택을 얻으려 한 결과로 나온 것인지 알아보기 위해, 묄레르는 다음 실험을 고안했다. 그는 둥지들을 여러 소집단으로 구분한 뒤 소독을 한 다음 기생 생물들을 소집단 별로 다르게 집어넣었다. 이런 실험은 놀라운 결과를 낳았다. 소독한 둥지들은 진드기의 수를 늘린 둥지들보다 성공률이 훨씬 더 높았다(부화 단계까지 간 알의 수로 측정했다). 게다가 소독을 한 둥지에서 자란 새끼들은 훨씬 더 건강했다(몸무게로 측정했다). 따라서 몸에 기생 생물을 적게 지닌 수컷들과 짝짓기를 하는 쪽을 선호하는 유전자를 지닌 암컷들은 그렇게 함으로써 상당한 직접 혜택을 얻을 것이다. 즉 더 건강한 새끼들을 갖게 된다. 건강한 수컷을 맞아들임으로써 집안 환경을 기생 생물 없이 청결하게 유지하는 것은 좋은 일이다.

용감한 거피와 냄새나는 티셔츠

암컷이 수컷으로부터 얻는 것이 직접적인 혜택만은 아니다. 암컷은 먹이나 안전 같은 직접적인 혜택말고도, 수컷에게 매우 가치 있는 것을 하나 더 얻는다. 그것은 정자다. 좋은 정자 하나는 산더미처럼 주어지는 직접적인 혜택만큼이나 가치가 있을 수 있다. 바람직한 형질들, 즉 자손에게 물려줄 만한 형질들을 지닌 수컷들과 짝을 짓는 암컷들은 횡재를 얻을 수도 있다. 몸집, 싸우는 능력, 신체적 매력 같은 형질들이 다음 세대로 전달된다면, "좋은 유전자"를 지닌 수컷을 고르는 것은 사치가 아니라 반드시 필요한 것이 된다.

좋은 유전자 모델good genes model은 암컷이 수컷으로부터 정자를 받는 짝짓기 체제와 정자만을 받는 짝짓기 체제에 적용된다. 좋은 유전자 모델의 종류는 꽤 많으며, 모두 두 가지 장애물에 직면해 있다. 첫째, 암컷들은 "좋은" 유전자를 지닌 수컷과 그렇지 않은 수컷을 어떻게 구별할까? 어느 수컷이 둥지로 더 많은 먹이를 들고 오는지는 쉽게 알 수 있다. 하지만 수컷의 전반적인 유전적 자질은 도대체 어떻게 평가해야 할까? 둘째, 수컷들이 좋은 유전자와 연관된 형질들을 그럴듯하게 갖추어 사기를 칠 수도 있지 않을까? 암컷들이 어느 수컷이 최고의 유전자를 지니고 있는지 판단하게 해줄 형질을 고른다면, 자연선택은 유전적 자질에 상관없이 그런 형질에 투자하는 수컷을 선호하지 않았을까? 아모츠 자하비의 "핸디캡 원리handicap principle"는 좋은 유전자 모델들의 이 두 장애물들을 다루고 있다.

핸디캡 원리는 정직한 광고 개념에 초점을 맞추고 있다. 당신이 자동차 같은 물품을 살까 고민 중이라고 하자. 당신은 고를 수 있는 자동차들은 많다. 정직한 광고 원칙은 당신이 차에 관한 정말로 중요한 사항을 반영하는 기준들을 사용해 각 회사의 차를 평가해야 한다는 것이다. 그리고 더 중요한 것은 속이기가 매우 어려운 기준들만을 사용해야 한다는 것이다. 이를테면 당신은 에어백이 어떤 색깔이냐가 아니라 충돌했을 때 에어백이 얼마나 제대로 작동하느냐에 더 무게를 두어야 한다. 전자가 안전에 더 중요하며 속이기가 더 어렵다. 짝 선택과 관련지어 볼 때, 자하비의 핸디캡 원리는 암컷이 짝을 고를 때 수컷의 유전적 자질을 참되고 정직하게 보여주는 지표인 형질들만을 사용해야 한다는 의미가 된다.

정직한 지표 형질의 한 가지 일반적인 특징은 그것을 만들고 유지하는 데 "비용이 많이 든다"는 점이다(그런 형질을 핸디캡이라고 부르는 것도 그렇게 비용이 많이 든다는 점 때문이다). 그 결과 그런 형질은 꾸며내기가 어려우며(꾸며내기 위해 상당한 투자를 해야 하기 때문에), 따라서 그런 형질을 가진 수컷은 건강하다고 예상할 수 있다. 다시 기생 생물에게 눈을 돌려보자. 이번에는 체내 기생 생물들, 즉 몸 속에 살면서 다른 숙주 개체에게로 이동할 수 없는(제비의 사례에서 말했듯이) 기생 생물들에 초점을 맞춰보자. 여기서는 제비의 예와 달리, 암컷이 기생 생물이 적은 수컷을 선택해도 직접적인 혜택만큼 큰 혜택을 얻지 못할 수도 있다. 하지만 그 암컷은 "좋은 유전자", 즉 기생 생물 저항성을 지닌 유전자를 지닌 수컷과 짝짓기를 함으로써 간접적인 혜택을 누릴지도 모른다. 암컷의 관점에서 볼 때, 그런 기생충 저항 유전자는 자기 자손에게 물려줄 좋은 것일 수 있다.

물론 문제는 수컷이 좋은 유전자를 지니고 있는지를 암컷이 어떻게 헤아릴 수 있느냐이다. 기생 생물 저항성이라면 다음과 같은 주장을 펼칠 수 있을 것이다. 우수한 수컷들만이 기생 생물에 저항할 수 있으므로(열등한 수컷들은 이 형질을 꾸며낼 수 없다), 암컷들은 기생 생물 저항성과 관련이 있는 단서들을 토대로 수컷을 골라야 한다. 그런 단서 중 하나는 몸의 색깔인 듯하다. 감염된 수컷은 건강한 수컷보다 색깔이 훨씬 더 칙칙한 경향이 있다. 건강한 수컷은 색깔이 더 화려하며 시선을 사로잡는다. 새와 물고기 수십 종을 대상으로 한 연구들은 암컷들이 가장 화려한(가장 기생 생물에 덜 감염된) 수컷들을 선택한다는 것을 보여주었다. 즉, 핸디캡 가설에 들어맞는 결과들을 보여준 것이다.

핸디캡 원리가 기생 생물 저항성에만 적용되는 것은 아니다. 나와 동료인 장-기 고댕이 몇 년 전에 한 실험을 살펴보기로 하자. 고댕과 나는 거피의 포식자 대항 행동의 진화를 오랫동안 함께 연구해 왔다. 우리는 자체 개발한 실험 방식이 포식자 대항 행동을 조사하는 데 유용할 뿐 아니라, 자하비의 핸디캡 원리를 검증하는 데도 이상적이라는 것을 알았다.

거피 무리 곁에 포식자 물고기 한 마리를 놓으면, 수컷들(암컷들도)은 종종 이 위협을 가할지 모르는 포식자에게 조심스럽게 다가가서 포식자 앞쪽에서 움직여보고 다양한 정보를 획득하는 식으로 포식자를 "시찰한다". 행동생태학자들은 대담하게 포식자에게 다가가는 수컷들이 사실은 근처에 있는 암컷들에게 "자신이 우수하다고 광고하는" 것일 수도 있다고 주장해 왔다. 우리는 거피를 대상으로 그런 주장이 정말인지 조사했다. 그것이 사실이라면, 그런 "시찰" 행동은 좋은 유전자 모델의 핸디캡 원리를 뒷받침하는 좋은 형질이자 믿을만한 적합성 지표일 가능성이 높기 때문이다.

우리는 전직 미 항공우주국 기술자를 불러다가 우리의 기본 생각들을 검증하는 데 필요한 갖가지 조작이 가능한 실험 장치를 만들어달라고 주문했다. 우리는 기존에 하고 있던 다른 실험에서 나온 몇 가지 연구 결과를 토대로 조사를 시작했다. 첫 번째 결과는 매우 명백했다. 더 화려한 수컷들이 더 대담하게 포식자를 시찰하는 경향을 보인 것이다. 그러나 그 다음 번에 이루어진 관찰 결과는 그렇지 않았다. 화려한 수컷들은 암컷들이 근처에 있을 때에만 시찰을 더 자주 했다. 즉 화려한 수컷들이 칙칙한 수컷들보다 포식자를 시찰할 확률이 더 높긴 했지만, 옆에 암컷 관객들이 있을 때만 그랬다. 암컷들을 없애면, 수컷들의 시찰 행동 차이도 사라진다. 이 실험은 우리가 방향을 제대로 잡았다는 것을 암시했다. 핸디캡 원리는 시찰이 비용이 많이 드는 것이라면, 그 비용은 암컷이 지켜보고 있을 때에만 지불해야 한다고 말한다. 좋은 인상을 심어줄 암컷이 없다면, 굳이 그런 비용을 지불할 필요가 없는 것이다.

그 다음으로 고댕과 내가 해결해야 할 큰 문제는 암컷들이

정말로 수컷의 대담성(시찰 행동을 통해 측정되는)을 수컷의
활력을 보여주는 단서로 삼아 그런 대담한 수컷을 짝으로 선택
하느냐의 여부였다. 우리가 발견한 것은 수컷이 포식자를 시찰
하는 것을 지켜본 암컷들은 소심한 수컷들보다 대담한 수컷들과
짝을 짓는 확률이 훨씬 더 높았다는 것이다. 따라서 암컷들은
무언가를 토대로 수컷들을 잠재적인 짝으로 판단하고 있었다.
따라서 우리는 그 무언가가 정확히 어떤 것인지 확인할 필요가
있었다. 대체로 대담한 수컷들이 화려한 수컷이기도 하기 때문
에, 우리는 암컷이 짝을 선택하는 데 활용하는 핸디캡 형질이
대담함인지 색깔인지를 판단해야 했다. 우리가 실험용 수족관을
맞춤 제작한 것도 바로 그 실험을 하기 위해서였다.

　　우리가 이 실험을 위해 설계한 수족관은 시찰을 흉내낼 수
있게 되어 있었다. 따라서 이 설비를 이용하면 시찰과 색깔 중
어느 것이 추진력인지 구별할 수 있었다. 우리는 거피를 포식자
쪽으로 유인할 수 있는 작은 거울이 들어 있는 플라스틱 관을 이
용해 원하는 수컷의 시찰 행동을 통제했다. 우리는 도르래 장치
를 이용해 화려하거나 칙칙한 수컷들이 포식자 가까이 시찰하도
록 또는 멀찌감치 떨어져 있도록 유도했다. 결과는 결정적이었
다. 암컷들은 수컷의 색깔에 관계없이 대담한 수컷들을 짝으로
삼으려 했다. 대담성은 꾸며낼 수 없는 값비싼 신호이며, 아마
도 수컷의 전반적인 유전적 자질을 반영하고 있을 것이다. (남

성 독자들은 스카이다이빙을 해야겠다는 생각을 하고 있을지 모르겠다.)

좋은 유전자 모델들이 모두 수컷이 값비싼 핸디캡을 지니고 있는지 여부에 초점을 맞추고 있는 것은 아니다. 그런 모델들은 수컷마다 지닌 유전자의 질이 다르며, 암컷들이 그런 차이를 토대로 수컷들을 구별할 수 있다는 것만을 전제 조건으로 한다. 핸디캡들은 그런 요구 사항을 더 쉽게 충족시킬 수 있도록 하지만, 그것이 필요 조건은 아니다. 인간의 짝 선택을 살펴본 한 최근 실험(「뉴욕 타임스」는 "냄새나는 티셔츠 실험"이라고 제목을 붙였다)은 핸디캡이 없어도 좋은 유전자 모델들을 쓸 수 있다는 것을 보여준다.

진화생물학자들은 주요 조직 적합성 복합체(major histo-compatibility complex, MHC)라는 유전자 집합이 동물과 인간의 짝 선택에 관여한다고 주장해 왔다. MHC는 질병 저항성에 관여하는 유전자들이다. 즉 그런 유전자들이 만드는 단백질들은 몸이 무언가가 "자신의 것"인지 "외부의 것"인지 파악하도록 돕는다. MHC의 흥미로운 점은 그것이 지금까지 밝혀진 유전자들 중 가장 변이가 심한 부류에 속한다는 것이다. 정확히 똑같은 MHC를 지닌 개체들은 거의 없다. MHC를 다루는 한 가지 가설은 개체들이 자신과 다른 MHC를 가진 상대와 짝짓기를 하는 쪽을 선호한다는 것이다. 그런 짝짓기에서 나온 자손들은 새로운 MHC 유전자 조합을 가질 것이다. 그런 새로운 MHC 조합은 면역계를 보호하는 데 큰 도움이 될 수 있다. 병원체들은 빠른 속도로 번식을 하기 때문에 아주 급속히 진화한다. 새로 출현하는 병원체에 대항하는 한 가지 방법은 면역계에 끊임없이 변화를 주는 것이라 할 수 있다. 따라서 개체들은 서로 다른 MHC를 가진 상대와 짝을 짓기를 선호한다는 것이다.

서로 다른 MHC를 가진 상대를 선택하는 것이 좋은 유전자를 지닌 누군가를 선택하는 것과 비슷하다는 것이 사실이라면, 누가 누구인지 어떻게 판단할 수 있다는 것일까? 설치류 연구가 한 가지 단서를 준다. 정확히 왜 그런 것인지 아직 모르긴 하지만, 쥐와 생쥐들이 냄새(설치류에서는 오줌 냄새)를 사용하여 상대의 MHC가 자기와 맞는지 판단한다는 것이 밝혀졌다. 베른 대학의 클라우스 베데킨트는 인간들도 MHC를 맞춰봄으로써 혜택을 얻을지 모르며, 우리 역시 냄새를 이용해 자신에게 가장 잘 맞는 짝을 찾고 있는지 모른다고 추측했다.

베데킨트는 대학생 남녀 지원자를 모아 "냄새나는 티셔츠" 실험을 했다. 남성 44명에게 이틀 밤 동안 면 티셔츠를 입도록 하고서 이 기간에 냄새가 강한 곳은 피하도록 했다. 또 베데킨트는 각 남성의 혈액을 채취해 MHC를 조사했다. 그런 한편으로 여성 49명의 혈액을 채취해 MHC를 분석했다. 그런 다음 이 여성들에게 MHC가 비슷한 남성들과 MHC가 다른 남성들이 입

고 있던 티셔츠를 주어 보았다. 베데킨트는 티셔츠 냄새를 맡은
여성들(경구 피임약을 먹지 않도록 미리 조치했다)이 한결같이
MHC가 더 차이나는 남성들의 냄새에 더 성적 호감을 갖는다는
것을 발견했다.

매력적인 오렌지색

 동물 짝 선택의 동반 탈주 모델runaway selection model
은 수컷의 유전자와 암컷의 유전자가 서로 "연관"되어 있다고
본다. 집단 내의 몇몇 암컷들이 수컷의 어떤 형질을 선호하는
유전적 성향을 지니고 있다고 해 보자. 그리고 이 집단 내의 몇
몇 수컷들은 그 암컷들이 선호하는 형질을 지니고 있으며, 다른
수컷들을 그렇지 않다고 하자. 동반 탈주 모델은 이 두 형질을
지배하는 유전자들 사이에 유전적 연관 관계가 있다고 가정한
다. 즉 수컷들의 특정한 형질(암컷들이 선호하는 형질)과 암컷
의 짝 선호도 사이에 연관이 있다고 본다. 예를 들어 큰 수컷들
과 짝짓기를 선호하는 암컷들은 큰 수컷을 낳을 뿐 아니라, 큰
수컷을 선호하는 유전적 성향을 지닌 암컷을 낳는다는 것이다.
그런 짝짓기가 오랜 세대에 걸쳐 이루어지면, 암컷들이 지닌 큰
수컷을 선호하는 유전자와 수컷들이 지닌 큰 몸집 유전자가 서

로 연관되어 독립성을 잃는다. 즉 한쪽이 변하면 다른 쪽도 변하게 된다. 이 연관 관계는 일단 확립되고 나면, 눈 덮인 산에서 눈덩이가 구르듯 함께 자신들의 길을 간다. 양의 되먹임 고리가 만들어지고, 자연선택은 점점 더 과장되어 가는 수컷의 형질과 이 과장된 형질을 더욱더 선호하는 암컷의 성향을 낳을 것이다. 그런 과장된 형질은 그 동물들뿐 아니라, 인간 관찰자들에게도 놀라움을 안겨주곤 한다. 그런 형질들은 자연 다큐멘터리의 소재가 되기도 한다. 하지만 진화생물학계에 있지 않은 사람들 중에 그런 형질을 낳는 이론(동반 탈주 이론)을 들어본 사람은 거의 없다.

지금까지 동반 탈주 모델을 가장 잘 설명해주는 사례는 제럴드 윌킨슨이 연구한 자루눈파리류의 한 곤충(*Crytodiopsis dalmanni*)이다. 이 기묘한 곤충의 암컷들은 눈이 긴 눈자루 끝에 달려 있는 수컷들과 짝을 지으려고 한다. 윌킨슨은 두 집단을 골라 한쪽은 13세대에 걸쳐 눈자루가 긴 수컷들만 암컷들과 교미하도록 했고, 다른 한쪽은 눈자루가 짧은 수컷들만을 번식시켰다. 그러자 예상대로 긴 눈자루가 선택된 집단에서는 수컷들이 점점 더 길고 과장된 눈자루를 갖게 되었다. 반면에 눈자루가 짧은 개체들이 선택된 집단에서는 눈자루의 길이가 점점 더 짧아졌다. 이런 연구 결과는 놀라운 것이 아니며, 자연선택이 이런 일을 할 수 있다는 것을 보여주는 실험들은 무수히 많다.

동반 탈주 유전자 모델의 관점에서 볼 때 이 실험에서 진정 중요한 것은 윌킨슨이 수컷의 눈자루 길이와 암컷의 그 수컷 형질 선호도 사이에 긍정적인 연관성이 있음을 발견했다는 사실이다. 긴 눈자루가 선택된 집단에서 태어난 암컷들은 긴 눈자루를 가진 수컷들을 선호했으며, 짧은 눈자루가 선택된 집단에서 태어난 암컷들은 짧은 눈자루를 가진 수컷들을 선호했다. 윌킨슨이 실험을 할 때마다 암컷들을 무작위로 선택했음에도 이런 결과가 나온 것이다. 즉 암컷은 짧은 눈자루든 긴 눈자루든 간에 수컷의 어떤 특징을 좋아하는지에 상관없이 무작위로 선택되었다. 따라서 암컷의 수컷 눈자루 길이 선호도는 동반 탈주 모델이 예측한 것처럼, 수컷의 유전적 특성이 변화함에 따라 변화한 것이 된다.

거피 연구도 수컷의 동반 탈주식 성 선택이 이루어진다는 것을 뒷받침한다. 트리니다드 섬에 있는 파리아 강의 거피 암컷들은 몸에 오렌지색 반점이 많은 수컷들을 선호하는 경향이 강하다. 이렇게 강한 선호도와 수컷의 오렌지색 반점이 아버지에게서 아들로 전해진다는 사실을 토대로, 앤 하우드는 수컷의 오렌지색을 내는 유전자와 암컷에게 그런 수컷과 짝을 지으려는 성향을 부여한다고 여겨지는 유전자 사이의 연관 관계를 찾는 연구를 시작했다.

하우드는 전형적인 인위 선택 실험을 했다. 하우드는 오렌지색 반점이 많은 네 집단과 오렌지색이 덜한 네 집단을 골랐다. 그런 다음 각 집단의 수컷들을 암컷들과 짝짓기를 시켰다. 하우드는 각 세대마다 오렌지색이 짙은 집단에서는 가장 색깔이 선명한 수컷들만, 그리고 오렌지색이 덜한 집단에서는 가장 칙칙한 수컷들만을 골라 다시 짝짓기를 시켰다. 선택된 수컷들과 짝짓기를 할 암컷들은 무작위로 골랐다. 이런 식으로 네 세대까지 번식을 시켰다. 네번째 세대가 되자, 하우드는 오렌지색이 짙은 집단의 수컷들은 색깔이 더욱더 선명해졌을 뿐 아니라(반대로 오렌지색이 덜한 집단의 수컷들은 더 칙칙해졌다), 그 집단의 암컷들은 선명한 수컷들에게 더 강한 선호도를 보인다는 것을 발견했다.

하우드의 연구 결과는 거피에게서도 동반 탈주 선택이 이루어진다는 것을 뚜렷이 보여준다. 하지만 다른 거피 집단으로 비슷한 실험을 한 펠릭스 브레덴과 켈리 호너데이는 동반 탈주 선택이 일어난다는 증거를 전혀 발견하지 못했다. 거피가 동반 탈주 모델을 강력하게 뒷받침하는 극소수의 자료에 속한다고 들떠 있던 열기에 찬물을 끼얹은 셈이다.

미리 지니고 있는 성향들

지각 활용 모델sensory exploitation의 기본 전제는 다른 맥락에서 선호도를 낳는 유전자들이 짝 선택의 세계 속으로도 침투한다는 것이다. 이 관점을 가장 적극적으로 지지하는 사람들인 마이클 라이언과 존 엔들러는 암컷들이 수컷의 특정한 형질들에 대해 "미리 지니고 있는 성향들"이 있으며, 교활한 수컷들은 그런 성향을 활용한다고 주장한다.

지각 활용 논리는 다음과 같은 식으로 전개된다. 휘파람새가 찾을 수 있는 나무 열매들 중에서 어떤 붉은 열매가 가장 양분이 풍부한 것이라고 하자. 그러면 이 붉은 열매를 가장 잘 찾아내 먹을 수 있는 암컷들은 다른 열매를 먹는 암컷들보다 더 건강하고 번식을 더 잘하게 될 것이다. 이 새들의 수컷은 대개 푸른 깃털을 갖고 있다. 그런데 어쩌다가 붉은 깃털을 가진 수컷들이 태어난다면, 그 수컷들은 짝으로 선호될지 모른다. 암컷의 신경계가 이미 붉은 대상을 선호하는 쪽으로 조율되어 있기 때문이다. 붉은 깃털을 가진 수컷들은 그런 형질이 어떤 의미가 있기 때문이 아니라(적합성에 전혀 기여하지 못할 수도 있다) 단지 암컷들의 관심을 끌기 때문에 선호된다는 의미에서 암컷들에게 활용되는 것이라 할 수 있다.

암컷 짝 선택의 지각 활용 모델을 뒷받침하는 가장 설득력 있는 사례는 친척간인 두 열대어를 조사한 알렉산드라 바솔로의 연구 결과다. 그는 칼꼬리고기(*Xiphophorus belleri*)와 플라티고기(*Xiphophorus maculatus*)를 연구했다. 칼꼬리고기 암컷은 긴 "칼"(꼬리지느러미에 길게 나 있는 색깔 띠)을 몸에 지닌 수컷을 선호한다. 수컷마다 칼의 길이가 다르긴 하지만 칼꼬리고기는 모두 이 칼을 지니고 있다. 반면에 플라티고기 수컷은 이 칼을 아예 지니고 있지 않다. 바솔로는 지각 활용 모델을 실험을 통해 검증하기 위해, 플라티고기의 꼬리지느러미에 칼을 붙인 뒤 플라티고기 암컷이 이 새로운 상황에 어떻게 반응하는지 살펴보았다. 그녀는 플라티고기 암컷들이 "칼이 없는" 자연스러운 수컷들보다 새로 칼을 지니게 된 수컷들에게 즉시 강하게 한결같이 매료된 모습을 보인다는 것을 발견했다. 따라서 플라티고기 암컷은 긴 꼬리를 좋아하는 성향을 이미 지니고 있었던 것이 분명하다. 진화 역사상 칼을 가진 수컷을 선택한 적이 한 번도 없었음에도(플라티고기 수컷은 본래 그런 꼬리를 갖고 있지 않다!), 이 정교한 수컷 형질이 집단에 나타나자마자 몹시 매력적인 것으로 비쳐졌기 때문이다.

지각 활용 모델을 뒷받침하는 두번째 사례는 피살레아이무스 푸스툴로수스*Physaleaemus pustulosus*와 피살레아이무스 콜로라도룸*Physaleaemus coloradorum*이라는 두 개구리다. 이 두 종의 수컷들은 소리를 내 암컷을 유혹한다. 피살레아이무

스속의 개구리들이 대개 그렇듯이, 이 두 종의 수컷들도 "칭얼 댐"이라고 하는 소리로 자신을 알리는 광고를 시작한다. 하지만 푸스툴로수스 수컷들은 대개 끝에다가 "끄르륵" 하는 소리를 덧 붙이는 습성이 있다. 푸스툴로수스 암컷들은 이런 끄르륵 소리 를 내는 수컷과 내지 않는 수컷 중에 전자를 더 선호한다. 반면 에 콜로라도룸 종의 수컷은 이런 끄르륵 소리를 전혀 내지 않는 다. 하지만 현대 음향 장비를 이용해 콜로라도룸 수컷의 소리 끝에다가 이런 끄르륵 소리를 덧붙이자, 암컷들은 즉시 그 소리 에 매료되었다. 이것은 이런 정교한 소리가 실제로 출현하기에 앞서, 그런 소리를 선호하는 성향이 존재하고 있었다는 의미였 다. 암컷의 신경계가 그런 소리가 나타나자마자 반응을 한 것이 그 때문인 듯하다.

빠진 조각들

비록 이 장의 각 사례들이 암컷 짝 선택의 유전적 모델을 뒷받침하고 있긴 하지만, 짝 선택에 관여한다는 그 유전자 집합 이 어디에 있는지 우리는 전혀 모르고 있다. 내가 선택한 사례 들만이 아니라, 짝 선택의 유전적 모델들을 조사한 거의 모든 사례들이 마찬가지다. 하지만 이런 상황이 충격적인 것은 결코 아니다. 어떤 것이 실제 어디에 있는지 전혀 모르고서도 우리는 그것의 영향을 연구할 수 있기 때문이다. 사실 유전적 토대를 지닌 형질에 관한 연구들은 대부분 그 형질을 빚어내는 유전자가 7번 염색체나 다른 어디에 있는지 전혀 모르는 상태에서 이루어져 왔다. 한 유전자가 어떤 영향을 미친다고 할 때, 우리는 그 유전자가 어떻고 어디에 있는지를 정확히 알려줄 분자유전학을 굳이 활용하지 않고서도, 집단 내에서 그런 영향이 어떻게 후대로 전해지는지 연구할 수 있다.

짝 선택의 유전적 모델들이 지닌 문제는 그 유전자가 어디에 있는지 우리가 찾을 수 없다는 데 있는 것이 아니다. 내가 그런 모델들을 불편하게 생각하는 것은 그런 모델들이 짝 선택의 중요한 측면들을 포착하지 못하고 있기 때문도 아니다. 사실 그 모델들이 중요한 측면을 포착한 예들도 많다. 유전적 모델들을 통해 행동을 이해하려 할 때 무엇이 잘못되었는지 알기 위해서는 먼저 유전적 모델들이 대개 문화적 진화가 그 행동을 빚어냈을지도 모른다는 생각을 전혀 하지 않은 채 만들어진다는 것과 문화적 진화도 거의 같은 결과를 빚어낼 수 있다는 것을 깨달아야 한다. 다음 사례를 살펴보자.

1980년대에 수리진화생물학자들 사이에서는 암컷 짝 선택의 동반 탈주 모델이 대유행했다. 얼마 후에 앞서 말한 자루눈 파리와 거피 연구 결과가 발표되고 그것들이 암컷 짝 선택의 동반 탈주 모델을 지지하는 듯이 보이자, 실험 연구보다 훨씬 더 앞서 나와 있던 그 이론이 매우 중요하게 여겨지기 시작했다. 그런 모델들을 개발하기 위해 많은 시간과 노력이 투여되었던 터라, 그 모델의 예측들이 엄밀한 실험 결과들과 들어맞자 사람들은 흥분했다. 하지만 거피와 자루눈파리 연구가 1994년 언론을 장식하고 있을 바로 그 무렵에 행동의 문화적 전달 개념에 바탕을 둔 새로운 암컷 선택 모델들이 학술 잡지에 실리기 시작했다. 이런 모델들이 내놓은 몇몇 예측 결과들은 동반 탈주 유전적 모델들이 내놓은 것들과 똑같았다. 동반 탈주 모델들의 핵심이 되는 유전적 토대를 고려하지 않고도 같은 예측을 한 것이다. 따라서 짝짓기 행동의 문화적 전달도 동반 탈주 선택처럼 보이는 것들을 만들어낼 수 있는 셈이었다. 생물학자들은 유전자에 토대를 둔 모델들의 예측 결과들을 지지하는 자료들이 제시될 때, 문화적 행동 전달도 똑같은 행동을 빚어낼 수 있다는 것을 인정해야 했다.

암컷 짝 선택의 동반 탈주 모델들이 제시한 결과들을 문화를 고려한 짝 선택 모델들이 내놓은 결과로 보아도 무방하다면, 짝 선택의 다른 유전적 모델들(직접 혜택, 좋은 유전자, 지각 활용)은 어떨까? 문화적 행동 전달은 이런 과정들까지도 흉내낼 수 있지 않을까? 문화적 전달이 행동을 유전적으로 설명하는 방식들을 바야흐로 뒤엎으려 하고 있었다.

거피의 사랑

3

새들도 그것을 하고, 꿀벌도 그것을 하고, 물고기까지도 그것을 하지 않는가?

나는 십대 때 과학이 내 장래에 그렇게 중요한 것이 되리라고 생각한 적이 없었다. 그럼에도 나는 과학자가 될 성싶은 자질들은 모두 갖추고 있었다. 말하자면 나는 얼간이였고, 고등학교 때 데이트란 것을 해본 적도 없었다. 하지만 내가 데이트 경험이 없었던 것은 별로 할 생각이 없었기 때문이다. 슬프게도 고등학교 데이트 세계에서 실제 직접 경험을 하지는 못했지만, 나는 데이트에 뛰어난 친구들을 예리하게 관찰하곤 했다.

내가 주목한 한 가지 사실은 고등학교 데이트 세계에서 성공한 친구들이 사교계에서도 성공할 가능성이 높았다는 것이다. 즉 데이트 성공이 사교계에 진입할 기회를 마련해주는 것이 분명했다. 누군가와 데이트를 하면, 다른 사람들은 갑자기 당신에게 관심을 갖게 된다. 사람들은 서로의 선택을 모방하려는 듯하다. 이것은 굳이 남의 도움을 받을 필요가 없는 멋진 운동 선수 이야기만이 아닐 수도 있다. 평범한 친구가 데이트를 했다는 것이 알려지면 다른 여성들이 그를 새로 화젯거리로 삼기 시작하면서 뭔가 일이 벌어진다. 이런 현상은 남성이 혼인 반지를 끼고 나면 뭔가 달라진다는 속설에서도 엿볼 수 있다. 남성이 혼인 반지를 끼고 나면, 여성들은 전보다 더 그에게 매력을 느끼게 된다는 것이다. 그 때의 매력은 마치 슬쩍 밀기만 하면 산 아래로 굴러가게 되어 있는 작은 눈덩어리 같다.

몇 해가 흘러 대학원생이 되고 데이트 세계로 진입하면서 생기는 껍데기가 깨어져나가는 아픔을 어느 정도 삭이게 되었을 때, 나는 앞서 말한 현상들, 즉 짝 선택을 모방한다는 것이 동물의 사회적 행동을 연구하는 사람들 사이에서 거의 무시되어 왔다는 것을 깨닫기 시작했다. 이제 막 과학자로서의 삶을 시작할 그 무렵에, 나는 협동과 이타주의의 진화를 연구하는 일에 몰두해 있었고, 동물의 짝 선택 같은 주제는 손댄 적도 없었다. 사실 그런 연구를 기피하고 있었다고 해야 옳다. "짝 선택"은 당시 행동생태학에서 널리 연구되는 흔한 주제처럼 보였고, 내가 그런 시류에 휩쓸리지 않았다는 사실에 자부심을 느끼고 있었기 때문이다. 사람들은 세균에서부터 고릴라에 이르기까지 온갖 생물을 대상으로 짝짓기 습성에 영향을 미친다고 생각되는 모든 형질들을 연구하고 있었다. 내 소중한 인생을 그런 일에 걸고 싶지 않았다.

하지만 모방이 인간의 짝 선택에서 큰 역할을 한다는 것이 너무나 명백하다는 점을 점점 더 곱씹을수록, 나는 이 힘이 동물계 전체에서도 큰 역할을 하는 것이 분명하다는 것을 점점 더 깊이 인식하게 되었다. 1989년 나는 동물의 짝 선택을 다룬 수많은 문헌들을 살펴보았다. 놀랍게도 동물의 짝 선택과 모방의 관계를 제대로 조사한 연구 자료는 단 한 건도 없었다. 열심히 찾아보자 수많은 동물들이 서로의 짝 선택을 본뜰지 모른다고 넌지시 말하는 단편적인 사례들이 이따금 보이긴 했지만, 분명히 그렇다라고 말한 사례는 한 건도 없었다. 그래서 나는 내가 그 일을 하기로, 이 껍데기 속에 무엇이 들어 있는지 알아보기로 결심했다.

거피의 구애

내가 어릴 때부터 뉴욕 시의 우리 아파트에는 거피가 사는 수족관이 하나 있었지만(그것은 우리 아파트 단지에서 키울 수 있는 몇 안 되는 애완동물 중 하나였다), 나는 대학원 생활을 시작하기 전까지는 거피에 별 관심이 없었고, 이 작은 녀석들을 행동 실험에 이용할까 하는 생각을 한 번도 해본 적이 없었다.

모방과 짝 선택 본뜨기에 관한 실험을 어떻게 해야 좋을까 고심하기 시작했을 때, 거피를 다룬 자료들을 읽으면서 그제야 내가 거피에게 별 관심이 없었다는 사실을 깨달았다. 나는 거피가 행동생태학 분야에 아주 잘 맞는 실험 대상이라는 것을 알았다. 이 물고기는 쉽게 구할 수 있고, 실험실에서도 잘 살며, 과학자들이 지켜보고 있는 동안에도 신나게 짝짓기를 하며, 번식 속도도 무척 빨랐다. 즉 행동을 연구하는 과학자들이 원하는 이상적인 생물이었다. 나는 거피가 짝짓기 실험의 "흰 쥐"이며, 이 종의 성적 습성을 다룬 논문들이 이미 수십 편 나와 있다는 것을 알고 놀랐고 한편으로는 기뻤다. 내가 연구할 종의 짝 선택이 생물학적으로 제대로 밝혀져 있다면 당연히 나중에 도움이 될 것이라고 생각한 나는 거피를 내 연구 대상으로 삼기로 결정했다. 게다가 만일 내가 모방이 짝 선택에 중요한 역할을 한다는 것을 발견한다면, 그것이 유전자에 비해 얼마나 큰 역할을 하는지 연구하는 데까지 나아가고 싶다고 생각했다. 거피의 유전학과 짝 선택에 관해 이미 많은 것이 알려져 있는 상태이므로, 거피는 짝 선택에 영향을 미치는 유전적 힘과 문화적 힘을 규명하는 앞으로의 실험에 이상적인 종인 듯했다.

1990년 나는 거피의 모방과 짝 선택 연구를 시작했다. 실험은 대개 암컷 둘과 수컷 둘을 대상으로 했다. 실험은 한 암컷(모델이라고 하자)이 두 수컷 중 하나에 가까이 다가가는 모습을 다른 암컷(관찰자라고 하자)이 지켜보도록 하는 것이었다. 내가 해명하려고 한 문제들은 내가 생각할 수 있는 것들 중 가장 단순한 것들이었다. 모델이 한쪽 수컷을 선택하면 관찰자도 똑같이 그 수컷을 선택할까? 그랬을 때 그것이 모델의 행동을 보고 따라한 것일까?

나는 거피가 실험실의 수족관에 금방 적응한다는 사실을 활용했다. 처음 실험에서는 먼저 모델이 "무대에서" 짝을 선택하는 연기를 펼쳤을 때, 그것이 관찰자의 짝 선택에 어떻게 영향을 미치는지 조사했다. 나는 용량이 약 40리터인 수조를 사용했다. 수조 중앙에는 들어올렸다 내렸다 할 수 있는 원통을 설치했다. 먼저 관찰자 암컷을 이 원통 안에 가두었다. 그런 다음 수조 양끝에 플라스틱으로 작은 상자를 붙이고 그 안에 수컷을 한 마리씩 넣었다. 따라서 관찰자는 수조 양쪽에 수컷이 한 마리씩 있는 것을 볼 수 있었다. 내가 이 일종의 무대 장치를 만들고 나서 약간의 자부심을 느꼈다는 것을 고백해야겠다.

또 수조 안쪽에는 칸막이가 두 개 설치되어 있었다. 각 칸막이는 양끝에 있는 수컷에서 5센티미터쯤 떨어져 있었다. 이 칸막이는 모델을 한쪽 수컷 가까이로 몰기 위한 장치였다. 실험을 하기에 앞서 나는 동전을 던졌다. 앞쪽이 나오면 모델을 오른쪽 수컷 가까이 몰아넣고, 뒤쪽이 나오면 왼쪽 수컷 가까이 몰아넣기로 했다. 그렇게 모델이 한쪽 수컷 곁에 있는 모습을 잠시 관찰자에게 보여준 다음, 모델을 빼내고 나서 이번에는 관찰자에게 수컷을 선택하도록 했다.

이런 무대 장치는 모방과 짝 선택 실험을 헛된 것으로 만들 수 있는 혼동을 일으킬 요인들을 피하는 데 절대적으로 중요했다. 모델이 어느 수컷 곁에 놓을지 동전을 던져 결정하지 않고, 모델이 자유롭게 헤엄을 쳐서 자기 마음에 드는 수컷을 골랐다고 생각해 보자. 그것만큼 자연스러운 것은 없다. 하지만 이런 자연스러운 실험은 한 가지 문제를 안고 있다. 이렇게 자연스러운 실험을 했을 때, 관찰자도 모델과 같은 수컷을 선택했다고 하자. 그러면 이런 결과를 어떻게 해석해야 할까? 적어도 두 가지 가능성이 있다.

1. 관찰자가 모델의 짝 선택을 모방했다.

2. 모델과 관찰자가 자기 나름대로 그 수컷을 선택한 것뿐이다.

1번 설명은 명쾌하다. 하지만 2번 설명을 살펴보자. 내가 온갖 형질들을 사용해 암컷들과 수컷들을 짝지으려 애쓴다 해도, 한쪽 수컷이 다른 쪽 수컷보다 더 매력적일 수 있으며, 그러면 두 암컷은 똑같은 결론에 이르게 될지 모른다. 그럴 때 짝 선택 모방 같은 것은 없다. 단지 두 암컷이 각자 나름대로 선택을 했는데, 같은 결과가 나온 것뿐이다. 하지만 동전을 던져서 모델을 어느 수컷 곁에 놓을지 결정한다면, 나는 설령 수컷들의 매력에 차이가 있다고 해도 모델이 그저 우연에 따라 더 매력적인 수컷 곁으로 갈 수도 있고, 덜 매력적인 수컷 곁으로 갈 수도 있다고 확신할 수 있다. 동전 던지기는 무작위성을 의미하며, 따라서 수컷의 매력은 결과와 무관한 요인이므로 배제시킬 수 있게 된다.

결과는 아주 명쾌했다. 관찰자 암컷은 20번 실험에 17번이나 모델 암컷이 선택한 수컷을 선택했다. 나는 내가 짝 선택에서 모방이 작용한다는 것을 최초로 실험을 통해 증명했다고 확

신했다. 하지만 동전 던지기 실험이 단지 시작에 불과하다는 것
도 알고 있었다. 이런 실험들은 암컷들이 각자 같은 수컷을 선
택할 가능성을 배제시키긴 했지만, 다른 요인들이 관여할 수도
있었다. 즉 이 실험들은 암컷들의 서로의 짝 선택을 모방한다는
개념에 들어맞긴 하지만, 다른 설명들을 배제시키고 짝 선택이
모방된다는 것을 확정적으로 보여주기 위해서는 더 통제된 실험
들이 필요했다.

계산해 보니, 암컷의 짝 선택 모방 외의 다른 설명들을 배
제시키려면 다섯 차례의 연쇄적인 통제 실험을 해야 했다. 통제
실험이 무엇을 뜻하는지 잠시 설명해 보자. 내가 동전 던지기
실험에서 발견한 결과들을 똑같이 내놓을 수 있는 다른 현상들
이 있다고 해 보자. 다른 많은 동물들과 마찬가지로 거피도 무
리를 지어 살며, 많은 동료들 속에 끼이기를 좋아한다. 집단이
더 크면 더 안전해질 뿐 아니라 구성원들은 다른 혜택들도 얻는
다. 따라서 내가 동전 던지기 실험에서 짝 선택 모방이라고 생
각했던 것도 사실은 관찰자가 근처에 있는 가장 큰 무리 속으로
들어가려고 시도한 것일지도 모른다.

동전 던지기 실험에서, 수조 한쪽에는 수컷 하나가 외로이
있고, 다른 한쪽에는 수컷 하나와 모델 암컷 하나가 있었다는
점을 생각해 보라. 관찰자가 최종 선택을 한 뒤 모델을 빼낸 것
이 분명하다고 하면, 관찰자가 그 모델 곁에 있던 수컷에게로

가는 것은 당연할지 모른다. "방금 전까지 그 쪽에 거피가 두 마리(반대쪽에는 한 마리) 있었기 때문이다." 그 관찰자의 행동 규칙은 "모델의 짝 선택을 모방하라"가 아니라 "가장 큰 무리 쪽으로 가라"인지도 모른다. 앞의 것을 짝 선택 모방 가설이라고 하고 뒤의 것을 집단 크기 가설이라고 하자. 둘 다 동전 던지기 실험에서 나온 결과를 설명할 수 있다. 따라서 두 가설 중 어느 것이 맞는지 알려면, 통제된 실험을 수행해야 한다.

집단 크기 가설의 타당성을 검증할 수 있는 방법은 여러 가지가 있다. 나는 모델과 관찰자 암컷이 있는 수조 양쪽에 있는 작은 상자들에 수컷이 아니라 암컷을 넣는 방법을 택했다. 그러면 모두 암컷이라는 점 외에는 앞서 한 동전 던지기 실험과 모든 조건이 똑같았다. 관찰자가 모델과 "상자 속에 든 암컷"이 있는 쪽으로 간다면, 집단 크기 가설이 설득력을 얻는다. 즉 첫 실험에서 얻은 모든 결과들을 한 쪽에 두 마리가 있고 다른 한쪽에 한 마리가 있었기 때문이라고 단순하게 설명할 수 있다는 증거가 더 늘어난 셈이다. 만일 관찰자 암컷이 양쪽을 무작위로 선택한다면, 집단 크기 가설은 배제시킬 수 있고, 짝 선택 모방 가설은 간접적으로 지지를 받을 것이다. 기쁘게도 나는 관찰자 암컷들이 무작위로 선택을 한다는 것을 발견했다.

다른 네 가지 통제 실험들을 해서 다른 가설들을 배제시킨 뒤에야, 짝 선택 모방만이 내가 한 모든 실험들과 들어맞는 결과를 빚어낸다는 것이 명확해졌다. 이제 문화적 전달이 짝 선택에 영향을 미친다는 것을 알았으므로, 왜 동물들이 짝을 선택할 때 남을 본뜨는지(즉 그런 결정의 비용과 편익은 어떤 것인지), 그리고 크게 보아 문화적 전달이 얼마나 중요한 역할을 하는지를 살펴볼 길이 열린 셈이었다.

짝 선택의 비용과 편익을 깊이 탐구하기 위해, 나는 내 자신에게 썼던 기법을 활용하기로 했다. 즉 나는 모방과 짝짓기를 내가 매일 다른 사람들과 벌이는 상호 작용을 통해 파악해 보기로 결심했다. 인류 문화에서는 갓난아기, 십대, 심지어 청년들까지도 연장자를 행동의 모델로 삼는다는 말에 대부분 수긍할 것이다. 반대로 나이 든 사람들은 그런 식으로 젊은 사람들을 보고 모방하지 않는다. 마찬가지로 거피 사회에서도 아마 나이 든 암컷이 젊은 암컷을 모방하기보다는 젊은 암컷이 나이 든 암컷을 모방할 것이다.

내 일상 경험을 동물 실험을 설계하는 수단으로 사용한다고 하면 몹시 화를 낼 동료들이 분명히 있을 것이다. 연구되고 있는 그 동물의 눈을 통해서 문제를 바라보려 하지 않고, 인간의 경험에 의존해 인간이 아닌 동물들을 연구하는 사람은 "종 편견주의자"(맞다, 그런 사람들은 정말로 있다!)라고 나를 비난할 사람도 있을 것이다. 또 인간이 다른 동물들과 너무나 다르기 때문에, 내 사고 방식으로는 가치 있는 뭔가를 찾아낼 수 없을 것이라고 말하는 사람도 있을지 모른다. 나는 둘 다 반박한다. 비록 연구자가 늘 객관성을 추구할 필요가 있다고 할지라도, 과학과 개인적 경험을 분리하는 것은 아마 불가능할 것이며, 권할 만한 것도 아니다. 만일 내가 그렇게 했다면, 나는 어린 시절 아파트에 있던 거피 수족관을 잊어야 했을 것이고, 모방과 짝 선택 실험이라는 독창적인 생각을 하지조차 못했을 것이다.

나이/모방/짝 선택 실험 과정은 단순하다. 젊지만 성적으로 성숙한 암컷들이 관찰자가 되고 나이와 경험이 많은 암컷들이 모델이 되는 실험과, 역할을 바꾸어 나이 든 암컷들이 젊은 암컷을 지켜보는 관찰자가 되는 실험을 한 조로 수행하는 것이다. 동료인 장-기 고댕과 내가 발견한 것은 젊고 감수성이 풍부한 암컷들에게 관찰자 역할을 맡겼을 때, 그들이 모델의 짝 선택을 모방한다는 것을 발견했다. 반면에 경험 많은 암컷들에게 젊은 암컷들을 관찰하도록 했을 때, 나이 든 암컷들은 젊은 암컷들의 선택 여부와 상관없이 자신의 짝을 선택했다. 따라서 짝 선택 모방을 통해 얻는 한 가지 혜택은 젊은 암컷들이 누가 좋은 짝이고 누가 그렇지 않은 짝이 될지를 배울 수 있다는 것이다. 즉 수컷들을 평가하기 위해 굳이 시간과 노력과 기회를 들일 필요 없이, 더 경험이 많은 암컷들의 선택을 따라하면 된다. 인간도 비슷한 부분이 많다.

모방의 비용과 편익을 어느 정도 파악했으므로, 이제 짝 선택을 빚어내는 데 모방이 얼마나 중요한지 파악하는 것이 순서였다. 색깔, 산란지, 꼬리 길이, 기생 생물에 감염된 정도, 헤엄치는 속도 등 거피의 짝 선택에 영향을 미치는 다양한 변수들을 연구한 자료는 많이 있었다. 내가 알고 싶었던 것은 내가 발견한 것이 성적 행동을 빚어내는 데 근본적인 역할을 하는 강력한 힘인지, 아니면 더 큰 그림의 작은 조각에 불과한 것인지 여부였다. 나는 짝 선택 모방이 거피의 짝 선택에 영향을 미치는 요인을 죽 늘어놓았을 때 고작 29번째 항목에 불과한 것이 아닐까 의심스러웠다.

변수들이 어떤 순서로 되어 있는지 알아내는 한 가지 효과적인 방법은 그것들을 서로 경쟁시켜 어느 쪽이 이기는지 보는 것이다. 예를 들어 짝 선택을 연구할 때, 나는 크기와 색깔을 경쟁시켰다. 거피 암컷이 기생 생물에 많이 감염된 수컷보다 덜 감염된 수컷을 좋아한다고 하면, 모델 암컷을 심하게 감염된 수컷 곁에 놔두고 덜 감염된 수컷은 홀로 놔두는 실험을 하면 된다. 관찰자의 눈에 심하게 감염된 수컷이 더 매력적으로 비치면, 모방이 기생 생물 감염보다 더 중요한 요인이라고 말할 수 있다. 하지만 거피의 짝 선택에 영향을 미치는 요인들은 대단히 많다. 따라서 내가 원하는 최종 결과를 얻으려면, 짝 선택 모방을 먼저 1번 요인과 경쟁시키고, 그 다음에는 2번 요인과 경쟁시키는 등 연쇄적인 실험을 해야 한다. 이런 문제를 피하려면, 다른 가능성들을 모두 모아 한꺼번에 모방과 경쟁시키는 실험이 필요했다.

1991년 장 - 기 고댕과 함께 나는 역전 실험이라고 이름 붙인 실험을 했다. 이 실험은 두 부분으로 이루어졌다. 첫번째 실험은 암컷 하나와 수컷 둘을 사용했다. 이 실험에서는 암컷이 자유롭게 수컷을 선택하도록 한 뒤, 30분이 지난 다음 다시 한번 마음대로 수컷을 선택하도록 했다. 즉 행동의 중요한 측면인 일관성을 조사하는 실험이었다. 우리는 암컷들이 짝을 선택할 때 일관성이 뚜렷하다는 것을 알고 기뻤다. 20번의 실험 중 16번에 걸쳐 암컷은 같은 수컷을 선택했다. 우리는 이 실험에서 암컷이 수컷을 고를 때 정확히 어떤 형질을 사용했는지 알지 못하지만, 맨 처음 어떤 형질을 사용했든 간에 그들이 그것을 계속 사용한다는 것은 알게 되었다.

두번째 실험은 중요한 점 하나만 다를 뿐, 첫번째 실험과 동일했다. 이번에는 암컷이 처음 수컷을 선택한 다음에, 그 암컷이 선택하지 않은 수컷을 다른 암컷이 선택하는 장면을 보여주었다. 이렇게 모델로부터 사회적 정보를 얻은 암컷들은 자신이 맨 처음 선택한 수컷을 버리고 "한결같이" 반대 방향으로 갔다. 처음에 암컷을 사로잡은 형질이 무엇이었든 간에, 그것은 모방에 밀려난 것이다. 거피 암컷은 어느 수컷을 선택할까? 일관성을 유지할까, 아니면 다른 암컷의 선택에 흔들릴까? 우리는 상당히 많은 비율의 거피 암컷들이 모델의 행동을 모방함으로써, 두번째 선택 때에는 처음에 선택하지 않았던 수컷 쪽으로 간다는 것을 발견했다. 그런 선호가 무엇을 토대로 했든 간에, 사회적 단서들이 개인적 선호를 능가했다.

짝을 선택할 때 모방 행동을 보이는 물고기가 거피만은 아니다. 조금 다른 실험 방법을 사용해, 메다카medaka와 세일핀몰리sailfin molly에서 암컷의 짝 선택 모방이 이루어진다는 것을 밝혀낸 사례도 있으며, 약간 논란이 있긴 하지만 짝 선택 모방의 사례가 될 수 있는 몇몇 종들도 있다. 더 중요한 점은 서로의 짝 선택을 모방하는 것이 암컷만은 아니라는 사실이다. 다소 놀랍게도 세일핀몰리 수컷도 서로의 짝 선호를 모방한다.

모방의 의미

비록 짝 선택 모방의 특성을 명확히 밝혀내는 일에 몰두해 있긴 하지만, 나는 아직 짝 선택 모방의 공식 정의를 내놓지 않은 상태다. 암컷 짝 선택 모방의 공식 정의를 처음 내놓은 사람은 스티븐 프루엣-존스다. 글을 쓰느라 바쁘지 않을 때면 오스트레일리아 야생 지역에서 제비갈매기를 연구하곤 하는 프루엣 – 존스는 1992년 짝 선택 모방이 최근에 짝짓기를 한 수컷의 장래 짝짓기 확률 증가라고 정의할 수 있다고 주장했다. 더 상세히 풀면, 최근에 짝짓기를 하지 않은 수컷이 내일 짝짓기를 할 확률이 X퍼센트이고, 최근에 짝짓기를 했을 때는 Y퍼센트일 때, 그 Y와 X의 차이가 짝 선택 모방이라고 정의된다. 과학적 관점에서 볼 때, 이 정의의 한 가지 뛰어난 점은 확률은 측정할 수 있으므로, 자료를 통해 짝 선택 모방 가설을 뒷받침하거나 반박할 수 있다는 것이다. 하지만 프루엣 – 존스의 정의는 짝 선택 모방의 한 가지 중요한 측면을 간과하고 있다. 즉 짝 선택 모방이 이루어지기 위해서는 남이 짝을 선택하는 모습을 개체가 관찰해야 한다는 점을 놓치고 있다. 남이 짝을 선택하는 모습을 관찰하지 않으면, 짝 선택 모방은 일어나지 않는다.

우리는 다음과 같은 문장을 덧붙여서 프루엣 – 존스의 정의를 수정해야 한다. "게다가 수컷의 짝짓기 역사(또는 그 역사의 한 부분)에 관한 정보는 그 암컷이 관찰을 통해 습득해야 한다." 이 정의는 프루엣 – 존스 정의가 지닌 측정 가능성을 보존하면서도, 무슨 일이 일어나고 있는지 실제로 보는 것이 중요하다는 점을 강조하고 있다.

완벽한 정의는 없다. 진화를 거치면서 내가 제시한 짝 선택 모방 조건을 충족시킨 종이 있다고 해 보자. 즉 먼 옛날에, 영토를 소유한 수컷이 다른 암컷들과 짝짓기를 하는 것을 지켜본 암컷들은 그 수컷과 짝짓기를 할 가능성이 높았다고 해 보자. 그 암컷들은 짝짓기가 끝난 뒤 특정한 영토에 정착했으며, 암컷들에게 수컷의 영토에 다른 암컷들이 얼마나 많은지 살펴보라고 말하는 새로운 경험 법칙이 생겼다고 하자. 이 정보는 최근에 얼마나 많은 암컷들이 수컷과 짝짓기를 했는가와 관련이 깊으므로, 암컷들은 실제 짝짓기 광경을 지켜보지 않고서도 그 영토 소유자가 얼마나 많은 암컷들과 짝짓기를 했는지 금방 판단할 수 있다.

그 정보를 사용하는 암컷들은 비용이 많이 드는 활동을 피할 수 있으므로, 우리의 경험 법칙 활용 빈도는 증가할 것이며, 결국 암컷들은 짝짓기를 관찰할 필요가 없이도 일종의 짝 선택 모방을 할 수 있게 된다. 하지만 이 시나리오에는 실제 남의 짝 선택 행동을 관찰한다는 내용이 들어 있지 않으므로, 보수적인 입장에 서서 우리의 정의에 이런 유형의 짝 선택 모방은 포함시키지 않은 편이 나을 듯하다.

마치 의무인 양 이 정의를 주장할 사람들도 있겠지만, 정의는 생물학적 요소와 심리학적 요소를 결합시킨 토대에서 출발해야 한다. 검증 가능한 형태의 짝 선택 모방 정의를 손에 넣었으므로, 언뜻 볼 때 모방인 듯한 몇몇 짝 선택 사례들을 살펴볼 수 있겠지만, 더 조사가 이루어져도 아마 위에 제시한 정의는 충족되지 않을 듯하다.

큰 무리가 안전하다

영국의 다마사슴 암컷의 행동을 지켜보면, 그들이 마치 서로의 짝 선택을 모방하고 있는 듯이 보일 것이다. 어느 수컷의 하렘(포유동물의 번식 집단 형태의 하나로 한 마리의 수컷과 여러 마리의 암컷으로 구성된 집단/옮긴이)에 들어갈지 결정할 때, 암컷은 더 큰 하렘을 가진 수컷들을 더 좋아하는 듯하다. 하렘의 암컷들이 더 많아질수록, 짝 선택을 모방할 가능성도 더 많아진다. 팀 글루턴-브로크와 카렌 매컴브는 이 종의 모방과 짝 선택에 관해 몇 가지 실험을 했다. 거피의 짝 선택 모방은 멋있고 산뜻하지만, 털이 수북한 사슴 같은 큰 동물이 짝 선택을 모방한다는 것을 보여준다면, 당신은 이미 다 알고 있는 내용이라고 생각할 것이다. 하지만 글루턴-브로크와 매컴브는 단지 짝 선택 모방만을 조사한 것이 아니었다. 그들은 다마사슴(*Dama dama*)이 그런 하렘에 끌리는 것이 짝 선택 모방 때문인지, 아니면 큰 집단에 속하면 포식당할 위험 같은 것이 줄어들기 때문인지 조사했다. 아기사슴 밤비 동화를 읽은 사람이라면 모두 사슴의 삶이 모질어질 수 있다는 것을 알아차린다. 책을 몇 쪽 읽기도 전에 밤비의 엄마가 죽음을 맞이하는 장면이 나온다. 현실 세계에서 암컷들은 그런 재앙을 피하기 위해 큰 무리에 들어가 안전을 도모한다.

89

글루턴 - 브로크와 매컴브는 두 가지 실험을 했다. 첫번째는 배란기의 암컷 둘에게 번식 경연장 네 곳 중에 선택을 하도록 했다. 두 곳에는 수컷이 한 마리씩 있고, 한 곳에는 수컷 하나에 암컷 여덟 마리가 있고, 나머지 한 곳에는 수컷 하나에 서른 마리가 넘는 암컷들이 있었다. 첫 실험에서 암컷들은 홀로 있는 수컷들보다 하렘을 가진 수컷들을 매우 선호했다. 당신이 짝 선택 모방의 지지자라면, 이 결과는 적어도 짝 선택 모방의 예측과 들어맞는다고 생각할 것이다. 물론 문제는 이 결과가 집단 크기 가설과도 들어맞는다는 점이다.

두번째 실험에서도 암컷 둘에게 네 경연장 중에 선택을 하도록 했다. 이번에는 각 경연장에 수컷 하나에 암컷 아홉, 암컷만 아홉, 수컷 하나에 암컷 열아홉, 암컷만 열아홉 마리를 놓아두었다. 이 실험의 결과는 암컷의 선호가 남의 짝 선택 모방에서 비롯된 것이 아님을 보여주었다. 암컷들은 수컷 하나에 암컷들이 있는 경연장과 암컷들만이 있는 경연장을 차별하지 않았다. 사슴이 짝 선택을 모방한다는 주장을 결정적으로 반박하는 증거는 수컷이 짝짓기를 하는 모습을 실제로 보아도 관찰한 암컷이 그의 하렘에 들어갈 가능성은 증가하지 않는다는 점이다.

짝 선택 모방일 수도 있고 아닐 수도 있는 두번째 예를 보자. 물고기 암컷의 짝 선택을 연구한 많은 자료들을 살펴보면, 암컷들이 이미 그 전에 짝짓기를 해서 둥지에 알을 갖고 있는 수컷들과 짝짓기를 하려 한다는 사실이 명확히 드러난다. 처음에 학자들은 최근에 짝짓기를 한 큰가시고기 수컷이 다시 짝으로 선택되기 때문에, 큰가시고기 암컷이 짝 선택을 모방한다고 주장했다. 프루엣 - 존스의 정의에 따르면, 이것은 분명히 짝 선택 모방일 것이다. 수컷의 짝짓기 기회는 최근의 짝짓기 성공률에 영향을 받는 것이 분명하기 때문이다. 하지만 짝을 지을 것인지 말 것인지 결정을 하는 암컷들이 수컷이 다른 누군가와 짝짓기를 하는 것을 목격하지 못할 가능성도 있다. 그들은 그저 그 짝짓기의 결과를 보고 있는 것일지도 모른다. 내 정의에 따르면, 짝 선택 모방이라고 할 만한 기준을 충족시키지 못한 셈이다.

그러나 사리를 아는 사람이라면 이렇게 물을지도 모르겠다. "듀거킨의 짝 선택 모방 정의에 맞지 않으면 어떻다는 건데?" 수컷이 다른 암컷과 짝짓기를 하는 것을 암컷들이 실제로 못 보았다는 것이 그렇게 중요하단 말인가? 둥지에 있는 알이 그가 짝짓기를 했다는 증거가 아닌가! 실제로 그 알들은 이 수컷이 최근에 짝짓기를 했다는 표시로 쓰일지도 모르지만, 다른 일들이 있었다는 신호일 수도 있으며, 이 다른 일들이 암컷의 의사 결정을 이끄는 것일 수도 있다. 가령 둥지에 있는 알들은 2장에서 말했던 것처럼, 수컷이 좋은 유전자를 지니고 있다고 알리는 것일 수도 있다. 그런 수컷들은 그저 포식자들에게 맞서 둥지를 지킬 수 있는 강인함을 주는 좋은 유전자들을 지니고 있는 것인지도 모른다. 그렇다면 짝 선택 모방이 이루어진다고 생각하면 잘못일 것이다.

또 다른 설명은 암컷들이 둥지에 많은 알을 지닌 수컷들과 짝짓기를 하는 이유가 그런 수컷들의 구애 활동이 더 활발해지기 때문이라고 본다. 알을 가진 수컷들은 종종 더 활발하게 구애를 한다. 굳이 짝 선택을 모방하려는 충동이 있다고 가정하지 않고서도, 이런 구애만으로도 그들이 더 많은 암컷들을 끌어들이는 이유를 설명할 수 있을 것이다. 하지만 암컷의 짝 선택 모방을 설명하는 또 다른 가설이 있다. 이것은 희석 가설dilution hypothesis이라고 한다. 이 가설은 이미 알이 많이 있는 곳에 자기 알들을 낳으면, 포식자가 와도 자기의 알들이 살아남을 가능성이 더 많아진다고 본다. 포식자인 물고기가 자신이 찾은 둥지에서 알 천 개를 먹는다고 가정해 보자. 당신이 빈 둥지에 알을 500개 낳았다면, 포식자가 오면 당신의 알들은 모두 먹힐 것이다. 하지만 이미 4,500개의 알이 있는 둥지에 당신이 500개의 알을 낳았다면, 평균을 따져볼 때 그중 10퍼센트밖에 잡아먹히지 않을 것이다. 희석 가설은 짝 선택 모방만큼 타당한 작업 가설이며, 아직 이루어지지 않은 직접적인 실험만이 둘의 타당성을 검증할 수 있을 것이다.

암컷들이 알을 선택하는 다른 모든 이유들이 잘못된 것이고, 암컷들이 정말로 짝 선택을 모방하는 것이 진정한 이유라고 증명될지도 모른다. 하지만 현 시점에서 볼 때, 짝 선택 모방이 옳다는 주장은 성급한 듯하다.

짝 선택 모방 연구가 명확하게 말하고 있는 사항이 하나 있다. 그것은 작은 뇌를 반드시 모방의 장벽이라고 볼 수는 없다는 것이다. 이 직관에 반하는 발견은 우리가 문화를 말할 때 떠올리는 모든 것들을 뒤엎는다. 문화는 "고등" 동물들만의 것이 아니다. 뿐만 아니라 지능의 표지도 아니다. 평범하게 볼 때 문화는 우리가 지금껏 생각해 왔던 것보다 훨씬 근본적인 힘이다.

스티브 슈스터와 마이클 웨이드는 극도로 단순한 생물들이 행동생물학과 진화생물학 이해에 얼마나 중요한가를 보여주는 연구로 놀라운 경력을 쌓은 뛰어난 진화생물학자들이다. 그들은 2장에서 다룬 모델들 중 하나를 선택해 그것이 얼마나 튼튼한지 검증해 보았다. 그들은 한 바다벌레, 더 구체적으로 말하면 해양 등각류인 파라케르케이스 스쿨프타*Paracerceis sculpta* 암컷의 짝 선택 양상을 조사했다. 이 종의 수컷은 각자 해면동물이 있는 곳을 영토로 갖고 있으며 그곳에서 번식을 한다. 슈스터와 웨이드는 "대규모로 무리를 지어 번식하는 이런 곳에는 최근에 수태를 한 암컷들의 비율이 특히 높으며, 이것은 큰 하렘이 성적으로 수태 시기가 된 암컷들에게 유달리 매혹적으로 여겨진다는 것을 암시한다"고 말했다. 그들은 해면에 있는 암컷들의 개체 수를 통해 수컷의 번식 성공률을 파악했다. 그들은 모델의 모방 변수가 무작위적이라고 할 만한 수준에서 크게 벗어 난다는 것을 알았다. 그들의 모델에 따르면, 암컷들은 서로의 짝 선택을 모방했다.

슈스터와 웨이드가 짝 선택 모방을 제대로 설명하려면 다음 질문에 답해야 했다. 다른 암컷들이 있는 해면에 암컷들이 끌리는 이유가 무엇일까? 그들은 등각류가 처한 환경에서는 이쪽저쪽 옮겨다니는 것이 위험하며, 이 벌레들은 해면에 있는 다른 암컷들의 냄새를 좋은 번식지가 있다는 신호로 받아들이는 것 같다고 추정했다. 그렇기에 암컷들은 다른 암컷들에게 끌린다는 것이다. 하지만 암컷들이 다른 암컷들의 짝 선택을 자기 의사 결정 과정의 한 요소로 활용하는지는 여전히 분명치 않다. 등각류 암컷은 관찰한다는 단어의 상식적인 의미에서 볼 때, 남의 선택을 관찰하지 않는 듯하다. 따라서 더 많은 연구가 이루어질 때까지는 그것을 암컷 짝 선택 모방이 아니라 "암컷 군거성"의 예로 보는 것이 타당할지 모른다.

사슴, 큰가시고기, 등각류 연구는 뭔가가 오리처럼 걷고 오리처럼 떠든다 해도 오리란 무엇인가라는 당신의 정의에 신중하고 보수적인 태도를 취하면, 오리가 아닐 수도 있다는 것을 보여준다. 동물(인간도 포함해서)의 문화적 행동 전달 연구를 진척시키기 위해서는 측정할 것과 측정하지 않을 것을 검증할 수 있도록 명확히 정의해야 한다. 앞서 살펴보았듯이, 처음에는 짝 선택 모방이 이루어지는 것처럼 보였어도 그렇지 않은 사례들이 간혹 나타난다. 여러 가지 면에서 그것은 바람직하다. 문화적 전달이 어떤 최소 기준을 충족시키지 못하는 것들까지 포함시킴으로써 미약하고 혼란스럽게 정의되어서는 안 된다는 것을 명확히 할 필요가 있다. 거피는 이 기준을 충족시키지만, 거피만 그런 것이 아니다. 문화적 전달과 짝 선택의 역학을 더 완벽히 이해하기 위해서는 다른 더 잘 연구된 몇몇 사례들을 살펴볼 필요가 있다.

문화적 전달의 역할

서론 부분에서 우리는 야코브 회글룬드 연구진이 한 연구를 짧게 살펴보았다. 그들은 멧닭 수컷의 영토에 암컷 박제를 갖다놓는 실험을 했다. 그들은 매일 아침 일찍 진짜 암컷들이 오기 전에 박제한 멧닭 암컷들을 몇몇 수컷의 영토에 갖다놓았다. 그러자 그곳의 수컷들은 암컷 박제에게 구애를 하고 심지어 교미하려는 시도까지도 무수히 했다. 회글룬드 연구진은 암컷들이 다른 암컷(박제)이 들어가 있는 영토의 수컷에게 더 관심을 갖는다는 것을 발견했다. 이런 발견은 어떤 신체적 형질들만이 아니라 모방이 멧닭 렉에서 어떤 역할을 한다고 했을 때 예상할 수 있는 결과와 일치한다.

또 친척 종인 산쑥들꿩(*Centrocercus urophasianus*)의
짝짓기 체제에서도 모방이 두드러진 역할을 하는 듯하다. 이 종
도 짝짓기 경연장, 즉 렉에서 번식을 하는 종이다. 다시 말해 수
컷들이 대개 자원이 거의 또는 전혀 없는 작은 영역을 지키며,
그곳에서 짝짓기가 이루어진다는 의미이다. 따라서 렉에서 각
수컷의 영토는 암컷이 그를 짝으로 선택할지 여부에 최소한의
영향밖에 미치지 못하는 듯하다. 행동생태학자들(그 중에서도
문화적 전달에 흥미를 갖는 사람들)이 이런 짝짓기 체제에 그토
록 관심을 갖는 이유는 많은 렉 번식 종에서 렉에 있는 수컷들
중 단 한 마리가 모든 짝짓기 기회의 80퍼센트를 독차지한다는
점 때문일 것이다. 그 수컷이 영토 덕분에 짝짓기 기회를 많이
가지는 것이 아니라면, 렉에서 짝짓기 성공률이 그렇게 왜곡되
어 나타나는 이유를 최소한 두 가지는 생각해볼 수 있다. 수컷
들의 매력이 각자 다르고 대다수 암컷들이 각자 뛰어난 수컷을
선택했거나, 암컷들이 서로의 짝 선택을 모방했거나. 당연히 둘
다 조금씩 역할을 했을 가능성도 있다.

로버트 깁슨과 잭 브래드버리는 산쑥들꿩 영토에서 벌어지
는 복잡한 짝짓기 역학을 15년 넘게 연구해 오고 있다. 1990년
대 초 그들은 샌드라 베렌캠프와 함께 산쑥들꿩 암컷의 짝 선택
모방이라는 문제를 처음으로 규명했다. 깁슨 연구진은 4년 동안

두 곳의 렉에서 산쑥들꿩 암컷들의 짝짓기 행동을 조사했다. 그들의 모방과 짝 선택 가설은 같은 날에 짝짓기를 하는 암컷들의 수가 늘어날수록 그렇게 암컷들이 같은 수컷을 선택할 가능성도 더 늘어날 것이라고 예측했다. 그런 날이면 관찰하고 모방할 기회가 더 많아지기 때문이라는 것이다. 이 가설을 뒷받침하는 자료들은 많다. 게다가 그들의 분석 결과는 때때로 모방과 눈덩이 효과가 함께 나타난다는 보여준다. 암컷들은 서로를 모방할 뿐 아니라, 모방자인 다른 암컷들을 다시 모방하곤 했다.

또 깁슨 연구진은 암컷들은 서로의 선택을 모방하는 것 외에 수컷의 형질을 어느 정도 직접 평가하기도 했으며, 이것도 짝 선택에 상당한 영향을 미친다는 것을 발견했다. 아마 이 체제에서 가장 혼란스러운 것은 모방과 평가가 상호 작용을 통해 한 가지 예기치 않은 중요한 현상을 빚어내는 것처럼 보인다는 점이다. 그들은 암컷들이 선호하는 수컷 형질이 그다지 멀리 떨어지지 않은 렉 사이에서도 다르다는 것을 발견했다. 즉 이쪽 렉에 있는 암컷들이 매력적이라고 생각한 수컷 형질과 근처의 다른 렉에 있는 암컷들이 매력적이라고 생각한 수컷 형질이 달랐다.

가장 설득력 있는 설명은 암컷들이 매력적이라고 보는 것들에 어떤 자연적인 편차가 있다는 것이다. 몇몇 암컷들이 남보다 앞서 수컷들을 평가하고 다른 암컷들이 그 선택을 모방한다면, 이 초기 평가자들은 대단한 영향력을 지닌 셈이며, 그들 사이에서 엿보이는 약간의 차이는 모방을 통해 엄청나게 확대될 것이다.

서로 몇 킬로미터밖에 떨어져 있지 않은 두 렉에 새들이 있다고 가정해 보자. 1번 렉과 2번 렉은 모든 조건이 똑같고, 양쪽 다 암컷들의 80퍼센트는 A 수컷을 선호하고 20퍼센트는 B 수컷을 선호한다고 하자. 암컷들이 그저 각자 나름대로 수컷을 평가한다면, 우리는 1번 렉과 2번 렉 양쪽에서 A 수컷이 짝짓기의 약 80퍼센트를 독차지할 것이라고 봐야 한다. 하지만 이 과정이 시작될 때 두 암컷만이 수컷들을 평가하고, 다른 암컷들은 그 선택을 모방한다고 하면 어떻게 될까? 그러면 우연히 한 렉에서는 초기 평가자들이 A 수컷을 선택하고, 다른 렉에서는 초기 평가자들이 둘 다 B 수컷을 선택하는 일이 벌어질 가능성도 높다. 이 체제에서 모방은 그 지역에서 벌어지는 일에 극적인 영향을 미칠 뿐 아니라, 두 지역 집단 사이에 나타나는 차이의 많은 부분을 설명해 준다.

렉을 활용하는 새들은 많다(그리고 다른 동물들도 있다). 그런 체제에서 모방이 일어나는지 파악하게 해주는 열쇠는 수컷들 사이의 번식 성공률 차이인 듯하다. 깍도요와 알락솔딱새처럼, 번식률이 비교적 균등하게 분포되어 있거나 관찰할 암컷들이 적다면 모방이 일어날 가능성은 적다. 그러나 때로는 수컷

한 마리가 짝짓기 기회를 가장 많이 차지할 가능성도 높다. 그런 체제는 짝짓기 행동의 문화적 전달을 연구하기에 딱 알맞다.

짝 선택 모방에서 데이트 모방으로

루이스빌 대학에 새로 자리를 얻은 뒤, 나는 먼저 다른 학과들을 돌아다니면서 행동에 관심이 있는 동료 학자들이 있는지 찾아보기 시작했다. 자연히 나는 심리학과에 자주 들르게 되었다. 어느 날 나는 심리학과의 "도시락 지참 점심 모임"에 초대를 받았다. 나는 두 번 생각할 것도 없이 기꺼이 참석하겠다고 말했다. 그곳에서 나는 한 시간 가량 거피의 짝 선택 모방에 관한 슬라이드들을 보여주었다. 심리학자들은 인간의 모방 행동에 관심이 많은 사람들이기에, 나는 그들에게 동물의 행동 이야기를 하면, 모방이라는 일반적인 주제에 관해 뭔가 지혜로운 말을 들을지 모른다고 생각했다.

내 발표가 끝난 뒤 페리 드루엔이라는 대학원생이 다가오더니 자신도 내가 거피를 대상으로 했던 것과 똑같은 문제들에 관심이 많다고 말했다. 하지만 그녀는 자신은 인간에게만 관심이 있다고 말했다. 나도 늘 그런 생각을 하고 있었지만, 인간을 대상으로 그런 일을 할 수 있을 만한 연구 경력을 갖추지 못했다고 생각하고 있었다. 그러다가 이런 식으로 가능성이 눈앞에 비치자, 나는 그 기회를 놓치고 싶지 않았다. 드루엔의 지도 교수인 심리학과의 마이클 커닝햄은 인간 사이의 매력 연구로 세계적인 명성을 얻은 사람이었는데, 그도 이 연구에 관심을 보였다. (커닝햄의 연구실이 내 연구실과 층이 다른 곳에 있다는 것이 내게는 학문 분야의 단절을 보여주는 슬픈 상징처럼 여겨졌다. 생물학자들은 심리학과로 들어갈 생각조차 하지 않으려 한다. 이런 경험 법칙은 두 과가 같은 건물에 있는 우리 대학에서도 들어맞는다.)

커닝햄, 드루엔, 나의 뒤를 이어 곧 커닝햄의 또 다른 대학원생인 듀안 룬디가 합류했다. 우리는 내가 인간의 데이트 모방이라고 이름 붙인 것을 조사하는 연구를 시작했다. 우리의 기본적인 질문은 누군가가 매력적인 데이트 상대라는 사회적인 정보가 그 사람에 대한 당신의 평가에 영향을 미치는가 하는 것이었다. 더 나아가 우리는 사회적으로 도출된 그런 정보가 신체적 매력 같은 다른 변수들에 비해 얼마나 강한지 알고 싶어했다. 나는 거피를 대상으로 그런 문제들을 연구해 왔지만, 거피는 자신이 왜 누구를 선택했는지 말을 할 수도 설문지를 채울 수도 없었다(비록 어느 정도 추론을 할 수 있지만). 그러나 인간은 그렇게 할 수 있다. 내 마음 깊은 곳에서는 전 세계 고등학교 쿼터백들에게 외모가 전부가 아니며, 외모가 출중한 고등학생이 자라서 얼간이 아빠가 된다는 것을 과학을 통해 보여주기를 원하고 있었다.

우리는 루이스빌 대학에서 남자 대학생 74명과 여자 대학생 60명을 대상으로 실험을 했다. 여성들을 각기 따로 불러다가, 이 실험이 데이트 습관을 전반적으로 조사하는 것이라고 그럴듯하게 말했다. 각 여성에게는 다음과 같은 정보를 주었다.

이전 실험에서 여성 다섯 명에게 각자 샌디라는 남성을 만나 보도록 했다. 면담 시간은 각자 20~30분 정도였고, 면담한 여성은 원하는 것은 무엇이든 물어볼 수 있었다. 그런 다음 각 여성에게 샌디의 몇 가지 특징에 대해 점수를 매겨달라고 했다. 최고 점수는 10점으로 잡았다. 숫자가 높아질수록 긍정적이라는 의미였다. 신체적 매력 항목의 평균 점수는 "3"점이었다(신체적 매력이 전혀 없으면 1점, 아주 매력적이면 10점). 그리고 각 여성에게 샌디와 데이트를 하는 것에 얼마나 관심이 있는지 말해달라고 했다. 다섯 명 중 "네" 명이 샌디와 데이트할 생각이 있다고 말했다.

우리는 실험 대상자들에게 따옴표를 친 숫자를 각기 다르게 말했다. 즉 이쪽 여성 집단에게는 샌디가 신체적 매력과 "데이트하고 싶은가" (즉 "인기"가 있는가)라는 항목에서 높은 점수를 받았다고 하고, 저쪽 여성 집단에게는 매력과 인기 항목에서 그저 그렇다는 점수를 받았다고 했다. 그리고 남성 실험 대상자들에게는 여성을 면담한 뒤에 데이트하고 싶은가라는 내용으로 수정한 글을 보여주었다.

이 글을 읽고 난 여성들에게 다음과 같은 질문을 던졌다.

1. 샌디와의 데이트에 얼마나 관심이 있는가?

2. 샌디와의 혼인에 얼마나 관심이 있는가?

3. 샌디의 사교성이 어느 정도라고 생각하는가?

4. 샌디의 유머 감각이 어느 정도라고 생각하는가?

5. 샌디가 얼마나 부자라고 생각하는가?

나는 샌디와 혼인하는 데 관심이 있느냐는 2번 문항에 떨떠름했다. 그것은 어리석은 질문이다. 합리적인 대답을 할 사람이 아무도 없을 것이기 때문이다. 하지만 심리학과의 동료들은 이런 조사에서는 그것이 표준 문항이라고 생각했고, 내 판단이 틀렸을 가능성은 얼마든지 있었다. 그래서 나는 동료들에게 내 의구심을 드러낼 수가 없었다.

우리는 여성들이 남성들보다 인기에 더 영향을 받을 것이라고 예측했다. 일반적으로 여성들은 남성들보다 짝을 더 고르는 경향이 있으므로, 우리는 남의 선호도에 관한 이런 추가 정보가 까다로운 사람들에게 가치 있는 정보가 될 것이라고 추론했다. 게다가 비슷한 다른 많은 연구들은 남성들이 여성들보다 신체적 매력에 더 관심이 있다고 말하고 있으므로, 우리는 우리 실험에서도 마찬가지일 것이라고 예측했다. 실제 우리는 남녀 모두 인기와 매력에 관심이 있다는 것을 발견했다. 누군가가 인기나 매력이 더 있을수록, 실험 대상자들은 성별과 상관없이 그 사람과 데이트하는 데 관심이 있다고 했다. 따라서 신체적 매력이 중요하긴 했지만, 대상자들은 남의 선택도 모방했다. 메리가 자신이 샌디와 데이트할 것이라고 말한다면, 그 정보를 들은 수잔도 샌디와의 데이트에 관심이 있다고 말할 가능성이 더 높았다. 그리고 스티브가 신디에게 관심이 있다고 말하면, 릭도 신디에게 관심을 가질 가능성이 높았다.

우리의 데이트 모방 실험에서 가장 흥미로운 발견은 인기가 아니라, 인기 있는 개인에게 어떤 속성이 부여되는가가 중요하며, 남녀의 진정한 차이는 그 부분에서 드러난다는 점이었다. 이 연구를 하게 된 한 가지 이유는 동물 연구는 모방 효과를 보여주긴 하지만, 다른 암컷이 방금 선택한 수컷에게 관찰자 암컷이 어떤 새로운 속성을 부여하는지 우리가 알 길이 없기 때문이었다. 이 실험에 쓰인 나중의 세 문항은 사람들에게 바로 그 점을 묻고 있었다.

우리는 세 가지 질문을 제기했다. X가 얼마나 사교적이라고 생각하는가? X가 유머 감각이 얼마나 있다고 생각하는가? X가 얼마나 부자라고 생각하는가? 우리는 남녀 모두 인기 있는 사람에게 사교성과 유머 감각과 부라는 속성을 부여한다는 것을 발견했다. 하지만 여기에서 남녀의 차이가 뚜렷이 드러났다. 여성 실험 대상자들은 다른 여성들이 부유한 남성들에게 유독 더 관심을 갖는다고 가정한다는 사실이 명백히 드러났다. 그들이 왜 이런 비약을 하는지 알 수는 없지만, 그들이 그런 가정을 한다는 사실은 분명했다.

우리는 왜 여성들이 인기에 부유함을 갖다 붙이는지 확실하게 말할 수는 없지만, 다른 연구들을 통해 몇 가지 단서를 얻을 수 있다. 인간의 짝 선택을 비교 문화적으로 조사한 데이비드 버스의 연구가 한 예다. 그는 진화 모델을 근거로, 남성에 비해 여성들이 남성의 소득에 더 관심을 가질 것이라고 예측했다. 37개 문화를 조사한 버스는 그 중 36개 문화가 그렇다는 것을 발견했다. 아마 여성들이 인기 있는 남성과 부를 연관짓는다는 것은 그리 놀랄 일이 아닐지 모른다. 우리 실험 대상자들이 다른 여성들이 남성의 소득을 중요하게 생각하며, 특정한 남성이 인기 있는 것도 그 때문이라고 가정한 것도 당연할지 모른다.

기쁨의 노래

문화적 전달이 짝짓기에 미치는 영향이 언제나 직접적인 것만은 아니다. 비록 우리가 지금까지 조사한 사례들이 모두 단

기간에 짝 선택에 일어난 극적인 변화에 초점을 맞추고 있긴 하지만, 이것이 행동의 문화적 전달을 위한 필요 조건은 아니다. 인간인 우리가 걸음마를 배울 때 문화를 통해 배운 것들 중에는 훨씬 더 나이를 먹을 때까지 잠재된 채로 있는 것들이 많다. 새의 노래 학습도 그렇다.

새의 노래 학습 양상은 종에 따라 다르다. 어떤 종은 주로 공격적인 행동을 할 때 노래를 사용하며, 어떤 종은 구애를 할 때 노래를 사용한다. 어떤 종은 한 곡조의 노래밖에 못하는 반면, 수천 곡조의 노래를 할 수 있는 종도 있다. 어떤 종은 성장할 때 학습이 이루어지는 특정한 시기가 있다. 어떤 새들은 자기 종의 노래만을 배울 수 있는 데 반해, 그런 제약이 없는 종들도 있다. 하지만 노래하는 모든 새들은 한 가지 공통점을 지니고 있다. 그것은 자신이 부를 노래를 배운다는 것이다. 특히 노래 학습 과정에는 대개 남(교사라고도 한다)에게서 노래를 배우는 과정이 포함되어 있다. 다시 말해 노래는 문화적으로 전달된다.

탁란찌르레기는 행동의 문화적 전달과 그것이 짝 선택에 미치는 영향을 연구하기에 알맞은 괴짜 종처럼 보인다. 탁란찌르레기는 언제나 알을 다른 종의 둥지에 낳는다는 점에서 뻐꾸기와 비슷하다. 즉 야생 상태에서 탁란찌르레기 어른은 절대 자기 새끼를 기르지 않는다. 그래서 예전부터 이 종에 나타나는 행동들은 대부분 타고난 것이라고 생각해 왔다. 우선 개체는 탁란찌르레기가 되는 법을 "이해해야" 하며, 그것을 엄마나 아빠에게서 배우지 않았다면, "탁란찌르레기의 품성"은 거의 전적으로 유전자에 새겨져 있다고 봐야 한다. 하지만 탁란찌르레기의 노래는 그 정보가 삶의 초기에 전달될 수 있으며, 그것이 어른의 짝 선택에 큰 영향을 미친다는 것을 보여준다.

기묘한 사실은 노래를 배운다는 것이다. 탁란찌르레기는 수많은 "소집단"을 이루고 있으며, 소집단 별로 노래가 조금씩 다르다. 게다가 어느 집단 출신의 개체들은 자기 지역 고유의 노래를 부르는 개체들과 짝을 짓는 것을 선호한다. 유전자가 관여한다는 온갖 추측이 난무하지만, 노래 학습, 즉 문화적 변수는 탁란찌르레기의 짝 선택에 중요한 역할을 하는 듯하다.

토드 프리버그는 탁란찌르레기를 대상으로 노래의 문화적 전달과 그것이 장기적으로 짝 선택에 어떤 영향을 미치는지 이해하기 위해 멋진 실험들을 수행했다. 그는 두 개체군에서 탁란찌르레기들을 채집했다. 한 개체군은 사우스다코타에, 다른 개체군은 인디애나에 있었다. 이 두 개체군을 선택한 이유는 그곳의 탁란찌르레기들이 행동과 노래 면에서 큰 차이를 보이기 때문이다. 심지어 그들은 유전적으로도 서로 다르다.

프리버그는 전문 용어로 교차 양육 실험이라는 것을 시도했다. 그는 인디애나 개체군에서 가져온 새끼들을 인디애나와 사우스다코타 개체군에서 잡아온 어른들에게 나눠 키웠다. 사우스다코타에서 가져온 새끼들도 마찬가지로 두 집단의 어른들에게 나눠 키웠다. 교차 양육 실험은 동물의 환경 영향을 연구하는 데 자주 쓰이는 방법이다. 새끼들이 "본래의" 환경에 상관없이 자란 환경의 형질들을 취한다면, 그것은 행동에 그만큼 유연성이 있다는 의미가 된다.

새끼들을 일 년 동안 어른들 밑에서 키운 뒤, 큰 새장에 넣고서 그들의 짝짓기 양상을 관찰했다. 모든 개체들은 인디애나와 사우스다코타 양쪽 개체군에서 가져온 낯선 새들이 들어 있는 새장 속에 넣어 실험을 했다. 프리버그는 새들이 그 큰 새장에 있는 새들과 처음 만났는데도 같은 방식으로 키워진 개체들과 짝을 지으려 한다는 것을 발견했다. 새들을 더 오래 함께 넣어두었다가 같은 실험을 했을 때도 결과는 똑같았다.

프리버그의 발견은 문화적 전달이 짝 선택에 중요한 역할을 한다는 것을 보여준다. 첫째, 그것은 생애 초기에 전달된 정보가 개인이 성숙할 때까지 전혀 영향을 미치지 않다가, 일단 겉으로 드러나면 매우 강력한 영향을 미친다는 것을 명확히 보여준다. 둘째, 이 연구는 문화적 전달이 두 가지 방식으로 이루어진다는 것을 암시한다. 수컷들은 자신을 키워준 어른들의 행동을 모방함으로써 어떤 노래를 부를지(그리고 어떻게 행동할지)를 배우는 것이 분명했고, 한편 암컷들도 교사들을 지켜봄으로써 어느 수컷 형질을 매력적으로 볼 것인지 배우는 듯했다.

하지만 프리버그는 새끼들이 본받은 모델들이 나중에 짝 선택에 영향을 미친다는 것을 보여주는 수준에서 그치지 않았다. 더 확실한 증거를 얻기 위해, 그는 문화적 전달을 통해 노래를 배운 그 새들의 자손들을 조사했다. 이 2세대 실험도 첫 세대 실험과 비슷했다. 먼저 사우스다코타에서 새끼 탁란찌르레기 56마리를 포획했다. 이 새들을 둘로 나누었다. 이 두 집단을 SD/SD/SD와 SD/SD/IN라고 부르자. SD/SD/SD는 사우스다코타 교사 새들에게 교육을 받은 사우스다코타 출신의 어른 새들 밑에서 키운 새들을 말한다. SD/SD/IN는 인디애나 교사에게 교육을 받은 사우스다코타 출신의 어른 새들 밑에서 키운 새들을 말한다.

새끼들이 성숙하자, 프리버그는 전혀 낯선 암수끼리 만나도록 두 집단의 개체들을 뒤섞었다. 그러자 탁란찌르레기들은 교사의 교사와 같은 노래를 부르는 개체들과 짝을 지으려 했다. 당신의 교사를 가르친 교사가 당신의 짝 선택에 영향을 미친다면, 문화적 힘이 얼마나 큰 것인지 명백히 알 수 있다. 노래하는 새들의 종류가 많이 있고, 모두가 대부분 남을 관찰하고 남의 노래를 듣고서 자신의 노래를 배운다는 점을 생각할 때, 새의 노래 학습은 지금도 그렇지만 앞으로도 오랫동안 문화적 전달 진화 연구의 중심에 놓여 있을 것이다. 하지만 이 결과 자체만으로도 이미 우리는 충분히 놀라고 있다.

문화적 진화

문화가 동물 세계에서 정확히 어떤 방식으로 작용하는지는 아직 제대로 밝혀지지 않은 상태이지만, 증거들은 문화가 천성과 대립하는 힘이라는 것을 뚜렷이 보여준다. 우리는 이 힘의 작용 방식에 관한 기존의 견해를 수정해야 한다. 무엇보다도 예전에 생각했던 것과 달리, 문화적 전달은 영장류처럼 인지 능력이 가장 뛰어난 동물들의 전유물이 아니다. 사실 이 현상의 연구는 대부분 이른바 "하등" 척추동물이라고 하는 생물들을 대상으로 이루어져 왔다. 거피에서부터 새에 이르기까지, 비교적 뇌가 작은 동물들도 일종의 문화 규칙들을 짝짓기 행동과 연관짓는다. 따라서 문화적 전달은 뇌 크기와 상관이 없다. 그것은 대단히 중요한 이야기이다. 인류가 이 강력한 진화적 힘을 독점하고 있지 않으며, 영장류나 다른 어떤 장엄한 거대 동물들이 독점하고 있는 것도 아니라는 사실을 보여주고 있기 때문이다.

물론 문화와 짝 선택 연구가 주로 하등 척추동물을 대상으로 이루어지는 것은 영장류 이외의 동물들을 연구할 때 속도와 통제 문제가 나타나기 때문이기도 하다. 하지만 문화적 진화와 짝짓기 연구가 일단 영장류를 대상으로 이루어진다면, 행동 연구에 더욱더 큰 발전이 이루어지리라는 것은 분명하다.

문화적 전달이 동물의 짝짓기에 어떻게 영향을 미치는지를 파악했으므로, 이제 우리는 더 기본적인 문제를 다룰 준비가 되었다. 왜 우리는 문화적 진화가 우선한다고 보는가?

문화의 의미

4

나는 추측이 없이는 뛰어난 관찰도 독창적인 관찰도 없다는 것을 굳게
믿네.

찰스 다윈이 앨프레드 월리스에게 보낸 편지에서, 1867년

다윈은 추측과 관찰의 관계를 제대로 파악했다. 연구를 하기 위한 가설 구조가 없다면, 경험 연구는 사실들을 무의미하게 아무렇게나 모아놓은 것에 지나지 않는다.

이론 개발이야말로 모든 과학 탐구의 핵심이다. 하지만 진화와 문화 연구에서 그것은 특히 더 중요한 의미를 지닌다. 앞장에서 여러 사례들을 살펴보았지만, 그것들이 아무리 많다고 해도, 진화와 문화의 수수께끼와 짝 선택이라는 더 현실적인 문제의 궁극적인 해답은 되지 못한다. 우리가 살펴본 연구들은 흥미로울지 모르겠지만, 어떤 의미에서 보면 단지 단편적인 정보에 불과할 뿐이다. 과학 탐구 과정은 근본적으로 세계의 모델을 만들고 그 모델을 검증하는 것이다. 여태껏 우리는 이론을 그다지 만들어내지 못하고 있는 실정이다.

문화의 의미는 사람마다 다르다. 로버트 보이드와 피터 리처슨은 일찍이 1952년에도 A. L. 크뢰버와 클라이드 클럭혼이 문화의 정의를 164가지나 찾아냈다고 말했다. 현재 그 목록이 더 늘어났을 것은 분명하다. 인류학, 심리학, 생물학, 사회학, 정치학, 경제학 등 각 분야의 연구자들은 나름대로 문화를 연구하고 있으며, 대다수 사람들은 문화를 과학적으로 연구할 수 없는 딱히 뭐라고 규정짓지 못하는 용어라고 본다. 하지만 우리의 논의를 전개하려면 확고한 정의가 있어야 하며, 그런 요구를 더이상 미뤄둘 수는 없다. 여기서는 보이드와 리처슨의 정의를 따르기로 하자. 문화는 "학습이나 모방을 통해 당대 사람들로부터 얻는 개인의 표현형에 영향을 미칠 수 있는 정보이다". 여기서 "표현형"이란 개체가 지닌 형질들의 복합체를 말한다.

진화와 행동의 맥락에서 문화가 어떤 의미를 지니는지 이해하려면, 예측의 범위를 파악할 수 있는 잘 정의된 이론적 토대가 필요하다. 수학 모델들이 바로 그런 일에 필요한 좋은 도구가 된다. 하지만 모델들이 반드시 엄밀한 수학 형식을 가져야 할 필요는 없으며, 모델들은 개념적일 수도 있다. 여기서는 개념적인 모델에서부터 수학적인 모델로 나아가기로 하자.

우리가 쓸 용어들을 설명하는 일부터 시작하자. 이미 몇몇 예를 들 때 문화적 진화라는 말을 사용해 왔다. 이제 이 핵심 개념을 자세히 다룰 시기가 온 듯하다. 문화적 전달은 문화가 집단 내로 퍼져나갈 수 있는 방법들의 집합을 뜻한다. 가령 사람은 다른 유형의 개인들을 다양한 방식으로 모방하거나 그들에게 배울 수 있다. 한편 문화적 진화는 장기적으로 일어나는 문화적 전달의 총체적인 영향을 뜻한다.

이런 정의들을 수중에 넣었으므로, 이제 우리는 진화와 문화 연구의 토대를 이루는 이론 연구를 살펴볼 수 있다. 이제 살펴볼 "이론이라는 파이"는 수많은 방식으로 자를 수 있다.

문화적 전달에서 유전자의 역할

나는 전 세계 스무 곳이 넘는 대학을 돌며 짝 선택 모방을 주제로 세미나를 해 왔다. 세미나를 하다 보면 꼭 누군가가 일어나서 이런 식의 질문을 던진다. "거피가 서로의 짝 선택을 모방한다는 것은 알겠고, 당신이 원한다면 그것을 문화적 전달이라고 부르겠어요. 하지만 거피의 모방 성향이 유전자의 통제를 받을 가능성도 있지 않겠습니까?" 대답은 그럴 가능성은 분명히 있다는 것이다. 그리고 사실 우리 연구실은 지금 바로 그 문제를 연구하고 있다. 더 중요한 점은 이 질문이 더 난해한 두 가지 질문을 불러일으킨다는 점이다. 첫째, 거피의 모방 성향이 유전자의 통제를 받는다고 상상해 보자. 지금까지 기록된 모든 모방 사례들이 그렇다고 하자. 이 말이 문화적 전달이 정말로 이기적 유전자의 길게 뻗은 팔에 불과하다는 의미일까? 둘째, 원칙적으로 볼 때, 동물의 문화적 전달이 직접적인 유전적 통제 하에 있지 않다고 할지라도 어떻게든 작동할 것이라고 상상할 수도 있지 않을까?

내 동료들과 내가 실험해 본 거피 암컷들 중 약 80퍼센트는 다른 암컷의 짝 선택을 모방했다. 하지만 논의를 위해 거피들이 100퍼센트 짝 선택 모방 전략을 쓴다고 하자. 게다가 내가 유전학자와 함께 일하고 우리가 실제 유전자의 위치를 찾아냈으며,

우리 동료인 분자생물학자가 그 유전자의 서열을 분석했다고 하자. 조사한 거피들이 100퍼센트 모방 유전자를 지니고 있다면, 모방이 유전적 토대를 지니고 있다는 의미가 된다. 하지만 그 모든 정보들이 말해주는 것은 그것뿐이다. 그것만으로는 충분하지 않다. 모방이 좋은 전략이라고 가정하면(그리고 그 유전자가 있는 것이 그 때문이라면), 우리는 사실상 암컷의 짝 선택이 시간에 따라 어떻게 달라질 것인지 거의 알지 못하게 된다. 우선 암컷들은 남을 관찰할 기회가 주어졌을 때에만 모방을 할 수 있으며, 그 기회는 때에 따라 있을 수도 있고 없을 수도 있기 마련이다. 이것은 암수의 성적 형질들이 시간에 따라 어떻게 변해갈지 알려면, 암컷들이 짝을 선택할 때 모방에 얼마나 많이 의존하는지 알 필요가 있다는 것을 시사한다. 따라서 우리는 유전학이 진화적 힘으로서의 문화적 전달을 설명할 수 없다는 것을 알수 있다.

모방자인 암컷들이 누구를 짝으로 선택하는가는 누구를 "모델"로 선택하는가에 따라 달라질 것이다. 그리고 이것은 다시 모델들이 모방당할 기회가 있는지, 있다면 관찰하는 자가 누구인지에 따라 달라진다. 그 개체가 모방했을까, 모방하지 않았을까? 이런 식으로 끝없이 이어진다. 이런 것들은 암컷들이 100퍼센트 모방 유전자를 지니고 있다는 것을 안다고 해도 파악할 수 없다. 이 체제의 역학은 문화적 전달을 사회적 학습을 통한 정보 전달이 수반되는 체제로 이해한다면, 더 수월하게 이해할 수 있다. 따라서 모방의 유전학을 가능한 한 많이 아는 것도 중요하지만, 그렇다고 해서 문화적 전달이 또 다른 힘이라는 것을 거부할 필요는 없을 것이다.

내 발표가 있을 때면 늘 등장하는 힐문자들이 제기하는 두 번째 질문은 이론적으로 볼 때 근본적인 유전적 요소가 없이도 문화적 전달이 가능한가 하는 것이다. 즉 유전적 토대와 완전히 격리된 문화적 전달 체제도 상상할 수 있지 않을까? 모방의 유전적 요소가 없이 영속되는 체제도 가능하지 않을까?

간단히 말하자면, 그렇다. 첫번째 유형의 문화적 전달은 학습되는 것이기 때문에, 직접적으로(또는 간접적으로) 그 부호를 담은 유전자가 없어도 존재할 수 있다. 각 개체가 어떤 활동을 어떻게 할지 서로에게 가르치고, 배운 것을 다시 남에게 가르친다면, 유전자와 완전히 별개로 영속하는 문화적 전달 체제를 갖게 된다. 물론 가르치는 성향이 유전적 요소일 가능성도 있지만, 여기서 요점은 그 체제가 움직이는 데 그것이 반드시 필요한 부분은 아니라는 것이다. 만일 각 개체가 어떤 이유로 서로를 가르치기 시작하고, 배운 개체들이 다시 남을 가르친다면, 그 체제는 따로 작동하기 시작한다.

직접 학습이 반드시 유전자에 독립적인 문화적 전달 체제의 일부일 필요는 없다. 일부 개체들이 남들의 행동을 모방하기 시작한다고 상상해 보자(학습은 없고 단지 모방만 있다고 하자). 게다가 개체들이 남의 행동을 모방하는 것이 모방하지 않는 것보다 더 낫다는 것을 평가할 수 있다고 상상하자. 그러면 문화적 전달은 다시 가속도가 붙는다. 이런 체제는 사회적 학습(모방)과 개체 학습—당신에게 열려 있는 다양한 대안들의 비용과 편익 학습—을 통합하고 있으며, 개체가 남들이 사용하는 가장 성공한—또는 가장 흔한—전략을 모방할 때 특히 잘 작동한다. 보이드와 리처슨은 이런 사례들을 "편향된 전달"이라고 부른다. 모방되는 특정한 행동들이 가장 성공한 행동 쪽으로 편향되어 있기 때문이다.

불행히도 모방과 짝 선택을 경험적으로 조사하는 연구는 위에 말한 두 가지 문화적 전달—모방 성향이 유전자에 바탕을 둔 것과 유전자에 독립적인 것—의 비율이 어느 정도인지 판단할 수준에 이르지 못한 상태이다. 우리는 짝 선택과 문화적 전달의 사례들이 오로지 모방하려는 유전적 성향에서 비롯된 것인지, 아니면 유전적 영향과 완전히 격리된 것인지조차 구별할 수 없다. 이런 문화적 전달 유형들을 구별하려면 모방의 비용, 혜택, 유전 가능성을 상세히 규명하는 실험이 이루어져야 하지만, 이런 실험은 아직까지 어떤 체제에서도 이루어진 적이 없다.

문화적 전달은 언제 우세한가?

가장 기본적인 수준에서 보면, 삶에서 벌어지는 일들은 대부분 이런저런 정보를 얻는 일을 중심으로 이루어지고 있다. 정보를 얻는 방법은 세 가지밖에 없다. 늘 그것을 지니고 있을 수도 있고, 스스로 알아서 배울 수도 있으며, 남에게서 얻을 수도 있다. 과학의 관점에서 보면, 정보 습득의 이 세 경로는 유전 부호, 개체 학습, 문화로 번역할 수 있다. 일부 동물들이 "아는" 것들이 대부분 유전자에 짜여진 프로그램에서 직접 나온다는 점에는 의문의 여지가 없다. 유전자는 특정한 행동의 부호를 지니고 있으며, 이런 행동 측면에서 볼 때, 동물들은 무엇을 할지 본능적으로 "안다". 문제는 이것이다. 문화적 전달이 유전적 재생산보다 정보를 축적하는 더 나은 수단일까? 그것은 상황에 따라 다르다.

이론가들은 문제를 단순화하는 일부터 시작한다. 정보를 획득하는 세 경로 중 유전자와 개체 학습 두 가지를 살펴보자. 일단 둘을 경쟁시켰을 때 어느 쪽이 우세한지 이해하고 나면, 사회적 학습을 다시 제자리에 끼워 넣을 수 있을 것이다.

가장 기본적인 의미에서, 행동생태학자들과 심리학자들은 오래 전부터 동물이 살아가는 환경이 자주 변하긴 하지만, 너무 자주 변하지는 않을 때에는 학습이 유전적 전달보다 더 선호된

118

다고 말해 왔다. 이런 논리는 학습에는 아무리 적다고 해도 비용이 들기 마련이라는 가정에서부터 시작한다. 환경이 전혀 변하지 않을 때는 학습 비용을 줄일 수 있도록, 정보를 유전적으로 전달하는 편이 가장 낫다. 엄마와 아빠의 환경이 자식의 환경과 비슷하기 때문에 그렇다. 환경이 늘 변한다면, 학습은 아무런 가치가 없다. 배운 것이 다음 번에 길을 떠날 때에는 전혀 쓸모가 없어지기 때문이다. 따라서 이 때도 유전적 전달이 선호된다. 이 중간의 어딘가에, 즉 전혀 변하지 않는 환경과 늘 변하는 환경 사이의 어딘가에, 학습이 유전적 전달보다 선호되는 영역이 있다. 이 영역에서는 학습 비용을 지불할 가치가 있다. 환경이 학습을 선호할 만큼 안정하면서도, 유전적 전달을 선호할 만큼 안정하지는 않은 영역이 있는 것이다.

데이비드 스티븐스는 이런 축약 논리가 너무나 단순하다고 비판해 왔다. 스티븐스도 유전적 전달과 학습 사이의 경쟁을 모델화하려면 동물 환경의 안정성을 출발점으로 삼아야 한다는 점에는 동의한다. 하지만 스티븐스는 이 축약 모델에서 말하는 환경 안정성이 사실은 두 종류의 안정성이 뒤섞여 있는 것이며, 둘을 분리시켜야 한다고 주장한다.

스티븐스의 모델은 환경 예측 가능성을 하나의 힘으로 보지 않고 둘로 세분한다. 개체의 일생 동안의 예측 가능성과 부모와 자손의 환경 사이의 예측 가능성이 그것이다. 이 두 예측 가능성은 전혀 다를 수도 있으며, 그것들을 하나로 뭉뚱그려 말하면 학습의 진화를 이해하는 데 방해가 될지도 모른다. 삶의 초기에 일부 종의 자손들이 부모의 환경과 전혀 딴판인 환경으로 퍼져나간다고 상상해 보자. 더 나아가 비록 세대간에 환경이 어떻게 바뀔지 전혀 예측할 수 없다고 해도, 그런 개체들의 성년기에는 환경이 예측 가능하다고 가정해 보자.

학습이 유전적 전달보다 선호될 때가 언제인지 규명하기 위해, 스티븐스는 하나의 모델을 구축했다. 이 모델은 수학에 약한 사람에게는 버겁다. 그는 각 유형의 안정성뿐 아니라 학습의 비용까지 다루는 방정식을 만들었고, 도움이 될 몇몇 다른 매개변수들을 덧붙였다. 다행히 그의 요점은 다음과 같은 표로 요약할 수 있다. 이 표는 스티븐스가 한 수많은 발견들을 단순화한 것임을 명심하도록. 하지만 이 표는 핵심을 포착하고 있다. 스티븐스의 모델에 따르면, 개체의 일생 동안의 예측 가능성은 높지만 세대 간 환경 예측 가능성은 낮을 때, 학습이 선호된다.

당연히 이 모델은 더 많은 변수가 추가될수록 더 복잡해진다. 하지만 스티븐스의 단순한 표는 그 복잡해졌을 모델의 핵심을 포착하고 있다. 스티븐스는 개체의 일생 동안 상황이 비교적 안정적이라면, 과거에 배운 것을 활용하는 편이 낫다는 것을 간결하게 보여준다. 과거는 현재의 좋은 안내자이기 때문이다. 하지만 이런 예측 가능성은 대체로 유전자를 선호한다. 그렇지 않

스티븐스의 학습 진화 모델		
세대 간 예측 가능성	**세대 내 예측 가능성**	
	낮음	높음
낮음	경험 무시	학습
높음	경험 무시	경험 무시

은가? 분명히 그렇다. 하지만 여기서는 세대 사이에 세계가 극적으로 변하며, 엄마와 아빠에게 좋은 것이 반드시 자식에게 좋은 것이라고 말할 수 없기 때문에, 유전적 부호는 학습에 밀리게 된다. 따라서 학습 쪽이 더 낫다.

그렇다면 사회적 학습, 즉 문화적 전달은 이 모델에 어떻게 영향을 미칠까? 보이드와 리처슨은 이 문제를 해결하기 위해 "유도 변이guided variation" 개념을 도입했다. 유도 변이는 개체 학습과 사회적 학습을 하나의 정보 획득 모델 속에 통합시킨 것이다. "유도 변이" 체제에서 개체들은 남들의 행동을 관찰하고 그 관찰한 것을 토대로 자신의 행동을 바꾼다. 그리고 학습은 관찰자가 본 다양한 대안들 사이에서 선택을 할 때도 필요하다. 예를 들어 개체들이 집단의 나이 든 구성원들이 먹이를 구하는 행동을 관찰해 세 가지 새로운 먹이 구하기 기술을 배웠다고 하자. 이 자체는 사회적 학습에 해당한다. 하지만 그 관찰자들이 획득한 이 세 먹이 구하기 기술 중에 어느 것을 채택할 것인지 개체 학습을 사용해 결정한다면, 그것은 "유도 변이"가 된다. 가령 그들은 새로운 먹이 구하기 기술들을 조금씩 써 보면서, 그 시험 기간에 어느 기술을 써야 가장 많은 먹이를 구할 수 있는지 파악할지도 모른다.

이 모델에서 보이드와 리처슨은 개체 학습과 문화적 전달이 유전적 전달보다 얼마나 잘 작동하느냐가 아니라, 그것들의 상대적인 중요성에 초점을 맞추고 있다. 하지만 개체의 학습 대 문화적 전달 의존도가 유전적 요소에 바탕을 두고 있다고 가정하고 있으므로, 그 모델에서는 유전자도 나름대로 역할을 한다. 그들은 이런 가정이 맞지 않는 사례도 고려하고 있지만, 우리가 살펴보고 있는 기본 모델에서는 고려하지 않는다. 이 모델에서 개체들은 유전적 부모이자 문화적 부모이다(그들이 모방하는 대상이므로). 문제는 이것이다. 문화적 부모에 대한 의존이 개체 학습의 힘을 능가할 때는 언제일까?

스티븐스 모델과 마찬가지로, 보이드와 리처슨의 모델도 고도로 수학적이 될 수 있다. 하지만 스티븐스의 모델이 그랬듯이, 그 결과는 요약할 수 있다. 문화적 전달은 그에 수반되는 오류율이 개체 학습에 따른 오류율보다 낮을 때에는 비교적 안정된 환경에서 선호되는 것이다. 따라서 오류율이 최종적으로 우리가 무엇을 볼지를 결정하는 열쇠다. 어떤 "목표"를 얻기 위한 방법으로써 스스로 학습이 남에게서 배우는 것보다 더 많은 오류를 낳는다면, 당신은 남에게서 배우는 쪽에 더 의존해야 한다. 그 반대일 때에는 자신의 학습 능력에 의존해야 한다. 먹이 구하기 전술들을 예로 들어 보자. 내가 모방하는 개체들이 먹이를 구할 때의 몇 가지 잘못된 생각들을 배제시킨 상태라면, 그들을 모방함으로써 나는 먹이를 구하는 좋은 방법이 무엇이고 좋지 않은 방법이 무엇인지를 스스로 학습하는 수고를 덜 수도 있다. 이 시나리오에 따르면, 내가 개인적인 학습 과정에서 많은 오류를 저지른다면 다른 사람을 모방하는 것이 훨씬 낫다.

보이드와 리처슨의 모델은 매우 일반적이며, 인간이나 인간 이외의 동물들에게 나타나는 온갖 종류의 학습과 사회적 학습에 적용된다. 그러나 이 모델이 문화적 전달과 짝 선택에 관련된 비용, 혜택, 오류율에 관해서도 뭔가 말해줄 수 있을까? 유전적 성향이나 개체 학습을 통해 스스로 선택할 수 있는데 왜 남의 짝 선택을 모방하는 것일까?

로버트 깁슨과 야코브 회글룬드는 몇몇 짝 선택 시나리오에서 문화적 전달이 선호되는 이유를 두 가지 추정했다. 첫번째는 "식별"에 초점을 맞추고 있다. 이것은 구혼자 무리들 중에 짝을 선택하는 것이 쉬운 일이 아니라는 데 착안한다. 당신은 짝 후보들의 모든 형질들을 조사할 필요가 있으며, 남들의 견해에 마음 상해서는 안 된다. 이런 논리를 계속 밀고 나가서 당신이 힘겨운 선택을 해야만 한다면, 왜 당신의 병기고에 가능한 한 많은 무기를 넣어두지 않는가? 아마 남의 선택은 당신에게 더 섬세한 식별 능력을 부여함으로써, 좋은 짝이 누구인지 판단하는 당신의 감각을 섬세하게 조율하는 데 도움을 줄 수도 있을 것이다. 하지만 아마 그렇지 않을 것이다. 보이드와 리처슨이 내놓은 더 일반적인 모델에서도 그렇지만, 남의 짝 선택을 모방함으로써 당신이 나쁜 정보를 얻을 가능성도 항상 열려 있다. 당신의 모방 대상인 개인이 당신보다 더 모를 수도 있다.

당신 자신의 결정에 비해 짝 선택 모방이 줄 수도 있는 또 다른 혜택은 "기회 비용"이다. 오래 전에 경제학자들이 도입한 개념인 기회 비용은 당신이 어떤 활동을 한다는 것은 뭔가 다른 것을 할 기회를 포기하는 것이라는 평범한 진리의 표현이다. A를 하는 데는 늘 비용이 들며, 그 비용으로 당신은 B, C, D 같은 것들을 할 수도 있었다. 짝 선택과 관련지어 볼 때, 암컷은 수컷이 짝으로 적합한지 평가하는 대신, 먹거나, 포식자가 있는지 살펴보거나, 쉬거나 할 수 있었다. 짝 선택 모방을 통해 정보를 더 빨리 얻을 수 있고 그렇게 해서 생긴 자유 시간으로 이런 종류의 활동을 할 수 있다면, 짝 선택 모방은 더 자주 일어나야 한다. 그러나 다시 말하지만, 그런 혜택들이 짝 선택 모방을 통해 부정확한 정보를 얻을 가능성보다 더 커야 한다.

짝 선택 모방을 이끄는 것이 식별 능력인지, 기회 비용인

지, 아니면 알려지지 않은 다른 어떤 혜택인지 여부는 경험적인
문제다. 불행히도 깁슨과 회글룬드가 제시한 생각들 중에 어느
것이 증거를 통해 더 강력하게 뒷받침된다고 말하게 해줄 확고
한 자료는 거의 없다.

다른 문제들을 위한 다른 도구들

목수들의 공구함에 많은 공구들이 들어 있는 것처럼, 짝 선
택 모방의 모델을 만드는 행동생태학자들도 원하는 대로 쓸 수
있는 다양한 수학 도구들을 갖고 있다. 그 중에는 매우 복잡한
문제들을 다루기 위해 고안된 것들도 있다. 반면에 슈퍼컴퓨터
만큼 유능하지는 못해도, 작지만 중요한 차이를 검출하기 위해
고안된 것들도 있다. 오랜 세월 동안 한 가지 특수한 수학 기술
을 사용하는 법을 연구해 온 이론가들도 있다. 정식으로 수학
교육을 받은 적도 없고 수학 학회에서 사기꾼이라고 문 밖으로
내동댕이쳐지겠지만, 그럼에도 진화의 중요한 문제들을 규명해
줄 다양한 수학 도구들을 잘 알고 있는 사람들도 있다.

다른 많은 복잡한 문제들이 그렇듯이, 처음부터 문화적 진
화와 짝 선택의 완벽하고 총괄적인 모델을 갖는다는 것은 불가
능하다. 오히려 모델들은 문화가 어떻게 짝 선택에 영향을 미치

는가라는 맥락에서 특정한 문제들을 규명하기 위해 구축된다.
여기 모델 작성을 할 시기가 무르익은 세 분야가 있다.

1. 암컷의 짝 선택 모방이 수컷의 번식 성공에 어떤 영향을 미칠까? 암컷들이
   모방을 한다면, 수컷들은 더 좋을까 나쁠까? 일부에게는 더 좋고 나머지에
   게는 더 나빠지는 것일까?

2. 언제 암컷이 남의 짝 선택을 모방하는 전략을 채택할 것이라고 예상할 수 있
   을까? 그런 전략이 언제나 통할까? 그런 전략도 모방하는 개체의 수에 의존
   할까?

3. 암컷의 짝 선택 모방이 수컷에 대한 암컷의 타고난 선호와 까다로운 암컷이
   선호하는 수컷 형질의 공진화에 어떻게 영향을 미칠까? 우리는 앞장들에서
   짝 선택과 관련된 암수의 선천적인 형질들이 함께 진화하는 사례들을 살펴
   보았다. 이 그림에 모방이 덧붙여지면 무슨 일이 벌어질까?

제시되어 있는 세 가지 수학 기법이 문화와 짝 선택에 관한
이 모든 문제들을 어떻게 해명하는지 살펴보기로 하자.

선택 기회

"선택 기회" 모델은 암컷의 모방이 수컷의 번식 성공률에
어떤 영향을 미치는지 파악함으로써 암컷 짝 선택 모방을 조사

126

한다. 암컷의 짝 선택 모방이 집단 내 수컷들의 총 짝짓기 횟수에는 변화를 가져오지 않고, 어느 수컷이 짝짓기를 얼마나 할 것인가에 변화를 일으킬 것이라는 것이 이 모델의 기본 개념이다. 그런 영향을 조사하기 위해, 마이클 웨이드와 스티븐 프루엣 – 존스는 이른바 "기회 선택" 모델을 사용했다. 그들은 주로 렉 번식 종들에 초점을 맞추었다. 이 종들에서는 수컷마다 짝짓기 성공률이 크게 다를 뿐 아니라, 암컷들이 남의 선호를 관찰할 기회도 많기 때문에 짝 선택 모방 규칙을 활용할 가능성이 가장 높다. 이런 점들을 고려해서 웨이드와 프루엣-존스는 짝 모방 자체가 렉 번식 종들에서 수컷들의 번식 성공률 차이를 설명할 수 있을지 규명하는 연구를 시작했다.

웨이드와 프루엣-존스는 암컷들이 순차적으로 번식을 하고 수컷이 암컷과 짝짓기를 할 확률이 그 전에 얼마나 많은 암컷들이 그 수컷을 짝으로 선택하는가에 달려 있는 집단을 조사했다. 그들의 결과는 명확했다. "암컷의 모방은 짝짓기 횟수 분포 곡선에서 극단적인 값의 빈도를 증가시킨다. 암컷들이 모방을 할 때마다 짝을 짓지 못하는 수컷들과 짝짓기 횟수가 매우 많은 수컷들의 비율이 높아진다."

이 모델의 강점 중 하나는 그것을 이용해 특정 집단에서 짝 선택 모방이 우세한지 여부를 알아낼 수 있다는 것이다. 즉 이 모델은 짝 선택 모방이 수컷들의 짝짓기 성공률 차이를 이론적으로 설명할 수 있다는 것뿐 아니라, 자연 집단에서 얻은 자료들을 이용해 짝 선택 모방이 얼마나 이루어지는지 손쉽게 파악할 수 있다는 것을 보여준다.

게임 이론

동물 문화의 게임 이론 모델은 한 개체의 적합성이 남들의 활동에 영향을 받을 때 행동 전략들이 어떻게 진화하는지를 살펴본다. 게임 이론 모델 중에는 각기 다른 행동 대안들을 채택한 실제 암수 집단을 흉내낸 컴퓨터 시뮬레이션을 활용하는 것도 있다. 예를 들어, 우리는 남들의 짝 선택을 모방하는 암컷들의 성공률과 모방하지 않는 암컷들의 성공률을 살펴본 뒤, 짝 선택 모방이 자연적으로 나타날지 예측할 수 있다. 이 모델들은 "암컷들이 우수한 수컷들을 제대로 찾아낼 수 있을 때에는 모방이 최선일 것이다"와 "젊은 개체들이 나이든 개체들보다 더 자주 모방을 할 것이다" 같은 예측을 내놓는다. 후자는 나이가 어린 사람들이 "유행을 이끄는" 인물들의 일거수일투족에 집착하는 것과 같은 흥미로운 인간적인 현상들을 간파할 통찰력을 제공할지도 모른다.

조지 로지 연구진은 렉 번식 영역을 흉내낸 환경에서의 모방과 선택 전략을 조사하기 위해 컴퓨터 시뮬레이션을 짰다. 모방 전략을 사용하는 암컷들은 다른 암컷들이 선택을 하는 모습을 일정한 횟수만큼 "엿볼" 수 있도록 했다(모방하는 자와 선택하는 자에게 똑같이). 모방하는 자가 수컷들이 짝짓기를 하는 모습을 보지 못했다면, 그 암컷은 선택자가 하듯이 자신이 직접 선택을 하거나("영리한" 모방자 모델) 무작위로 수컷을 선택했다("아둔한" 모방자 모델). 하지만 수컷들이 짝짓기를 하는 모습을 보았다면, 목격한 수컷들 중 짝짓기 횟수가 가장 많은 수컷을 선택했다. 로지 연구진은 모방자와 선택자를 뒤섞는 것(모방자가 더 적도록)이 짝 모방 게임에서 최선의 해결책이라는 것을 발견했다.

수실 비크찬다니, 데이비드 허세이퍼, 이보 웰치는 최근에 게임 이론을 이른바 "정보 폭포" 이론으로 확장했다. 이 모델에서 개체들은 선임자들의 결정을 토대로 삼아, 모방하거나 모방하지 않는 쪽을 선택한다. 이 모델은 인간의 정보 전달을 설명하기 위해 고안된 것이긴 하지만, 동물에게도 똑같이 적용할 수 있다(저자들도 그렇게 말했다). 이 새로 개발된 모델의 강점은 특정한 형질이 문화적 전달을 통해 퍼지는 이유를 설명하는 데 있지 않고 사실 자체를 보여준다는 데 있다. 비크찬다니 연구진은 문화적 전달이 얼마나 허약할 수 있는지를 보여준다. 문화적 전달에서는 오늘 인기 있는 것이 내일 금기가 될 수도 있다.

유행(문화적 전달의 결과)은 일시적으로 오고 가는 것이다. 정보 폭포 이론은 행동의 작은 변화가 사회에서 용납되는 것과 그렇지 못한 것에 얼마나 빨리 영향을 미칠 수 있는지를 보여줌으로써 이런 허약함을 설명한다. 예를 들어 정보 폭포 이론은 마약, 패션, 주식 시장 같은 인간 생활의 일상적인 수많은 측면들을 모델화하는 데 쓰일 수 있다. 이 특수한 모델 분야는 앞으로 문화적 전달이 유전적 전달이 다룰 수 있는 것보다 얼마나 더 빠른 속도로 공동체 내의 특정 행동들을 눈덩이처럼 불릴 수 있는지를 규명하는 데 아주 유용할지 모른다.

집단 유전학

앞서 다룬 모델들의 한 가지 단점은 짝 선택 모방이 암수에게 어떻게 동시에 영향을 미치는지(전문 용어로 공진화)를 파악하지 못한다는 점이다. 이런 의미에서 그 모델들은 나무만 보고 숲은 보지 못하고 있다. 반면에 짝 선택 모방의 집단 유전학 모델은 공진화 문제를 정면으로 다루고 있다.

마크 커크패트릭과 나는 암컷의 선호가 타고난 선호와 문화적으로 전달된 선호 양쪽으로 영향을 받는 짝 선택 모방의 집단 유전학 모델들을 개발했다. 우리가 개발한 모델 중 하나는 많은 어른들을 관찰한 미성숙 암컷들이 잠재적인 짝들 사이에 선택을 하는 상황을 다루고 있다. 이 암컷들은 성숙하면, 자신이 전에 짝짓기를 하는 모습을 가장 많이 보았던 유형의 수컷을 가장 선호했다. 이런 결과들은 암컷의 문화적으로 결정된 선호도와 모방자들이 선호하는 수컷 형질이 공진화할 수 있다는 것을 말해준다.

우리 모델에서 수컷과 암컷의 형질들은 짝 선택 모방이 허용될 때 극단적인 방향으로 "동반 탈주"를 했다. 이것은 앞서 다룬 유전적 동반 탈주 선택 과정과 비슷하지만, 여기서는 유전자 때문이 아니라, 암수 형질들이 문화적 전달을 통해 서로 연관되어 있기 때문에 극단적인 방향으로 나아간다.

이 예측 결과에 주목하는 이유는 동반 탈주식 유전적 진화가 암수 유전자가 연관되어 있으며, 그 결과 함께 극단적인 방향으로 나아가는지 여부를 실험적으로 보여줄 수 있는 다양한 실험들을 하도록 자극해 왔다는 점 때문이다. 사실 나와 커크패트릭의 모델에 앞서 다른 연구자들이 그런 연관 체제를 발견했다면, 그들은 관련된 유전자를 발견하지 못한 채 동반 탈주 유전적 선택을 주장했을 수 있다. 암컷과 수컷 진화 사이의 연관성을 예측하는 다른 모델들이 없었기 때문이다. 이제 문화적 동반 탈주 모델들이 있으므로, 암수의 형질들이 공진화한다는 것을 발견했다고 해서 그것을 동반 탈주 유전적 선택의 증거라고 확신을 갖고 주장하지는 못한다. 그런 발견은 동반 탈주 문화적 선택의 결과로 볼 수도 있기 때문이다. 따라서 지금은 당신이 동반 탈주 유전적 선택을 발견하고 싶다면, 그 유전자가 어디 있는지 찾아내는 편이 더 낫다.

모든 길은 로마로 통한다

당신이 지역 위원회에 소속되어 있다고 하자. 지금 위원회는 어떻게 하면 그 지역 아이들에게 규칙 X를 지키도록 할 수 있을지 논의하고 있다. 당신이 채택할 수 있는 방법이 많이 있는 것은 틀림없지만, 여기서는 그 규칙의 전달자를 누구로 할 것인가에 초점을 맞추기로 하자. 아이들의 학습 모델이 될 만한 사람이 누구일까? 위원회는 아이들에게 관련 정보를 전달하는 방법을 세 가지로 제시할 수 있을 것이다. 첫째, 부모에게 아이들을 가르치도록 하는 오래 전부터 내려온 방법이 있다. 당신의 위원회는 적어도 이 대안만큼은 기꺼이 받아들일 것이다. 부모는 아이들과 많은 시간을 보내며, 적어도 이론적으로는 아이들에게 규칙을 새겨듣고 그에 따라 행동하라고 시킬 힘을 지니고 있다. 물론 어른들은 아이들이 어떤 충고도 듣고 싶어하지 않는다는 것을 알게 되면서 충격을 받기도 한다.

아이들에게 뭔가를 하도록 시킬 때 두번째로 널리 쓰이는 방법은 부모가 아닌 다른 어른에게 가르치도록 하는 것이다. 현대 사회에서는 대개 관심을 끌만한 문제들을 아이들에게 말해주는 영웅, 슈퍼스타, 유명 인사 같은 우상이 그 일을 맡는다. 가령 텔레비전은 우상을 활용해 아이들에게 이런 식으로 행동하라고 설득하는 상업 광고들로 가득하다. 불행히도 부모의 입장에서 볼 때, 그런 텔레비전 광고들은 도대체 저딴 것이 다 뭐야 하는 생각이 드는 운동화에 수십만 원을 쓰는 것처럼, 부모에게는 전혀 흥미를 불러일으키지 못하는 것에 아이들이 관심을 갖도록 만든다. 하지만 우리는 공익 광고들이 점점 더 많아지는 것을 보고 있다. 스포츠 영웅들이 출연해 아이들에게 부모를 기쁘게 하는 행동을 하라고 설득한다. 마약을 하지 말라, 학교를 잘 다녀라, 혼전 성교를 하지 말라 등등. 지역 위원회는 전설적인 농구 선수 마이클 조던의 말 한 마디가 아이의 귀에 짝 달라붙는다는 것을 알아야 한다.

마지막으로 아이들에게 정보를 전달하는 방법 중에서 부모들이 가장 끔찍하게 여기는 방법이 있다. 그것은 또래를 통하는 방법이다. 자기 아이가 어떤 식으로 행동하기를 원할 때, 또래를 통해 이것이 채택할 만한 행동이라고 가르치면 원하는 대로 행동할 가능성이 훨씬 더 높아진다. 아이들은 늘 또래로부터 배우므로, 당신의 위원회가 이 전달 양식에 개입할 방법을 알 수 있다면, 즉시 원하는 목적을 이룰 수 있을지도 모른다. 하지만 당신이 전파하고자 하는 정보는 아이에게서 다른 아이에게로 전해질 때 와전될 가능성이 매우 높다고 한다. 아이 때 흔히 하는 놀이인 말 옮기기 놀이를 생각해 보라. "강아지는 비를 싫어해"로 시작한 말이 끝 아이에게로 가면 "강냉이가 비에 젖었어"로 바뀌기도 한다.

진화와 문화를 연구하는 사람들은 이 세 가지 정보 전달 수단에 각기 이름을 붙였다. 위에서 살펴본 세 수단은 수직, 사선, 수평 전달이라고 불린다. 수직 전달은 어떤 정보가 부모로부터 자식에게 직접 전달되는 경우를 말한다. 방법은 수없이 많다. 아이들은 부모를 보고 그대로 따라하기도 한다. 피터 그랜트와 로즈메리 그랜트가 연구하고 있는 핀치들은 수컷과 암컷 모두 수직 전달 방법을 사용한다. 수컷은 아비가 부르는 노래를 배워 부르며, 암컷은 아비가 부르는 노래를 새겨듣고서 핀치들이 어떤 노래를 부르는지 배운다. 더 정교한 형태의 수직 전달은 교육이다(나중에 더 상세히 다루기로 하자). 여기서 부모는 적극적으로 정보를 전달하려 시도한다는 것을 암시하는 행동을 한다(모방은 교육보다 더 수동적이다). 우리는 분명히 꽤 많은 것을 교육에 의존한다. 하지만 동물이 교육을 하는지는 모호하며, 인간 이외의 동물들을 대상으로 교육과 짝 선택을 연구한 사례는 전혀 없다.

진화생물학자들은 세대간 정보 전달 방식 중 부모 자식 사이의 상호 작용 이외의 것에 사선 전달이라는 용어를 붙였다. 아이들이 우연히 부모가 아닌 모델 어른으로부터 정보를 얻는 수도 있다. 이런 형태의 전달은 부모가 새끼를 기르지 않는 물고기 같은 동물 종에게서 흔하며, 새끼와 어른 사이의 상호 작용은 대개 친척이 아닌 개체 사이에서 이루어질 것이다. 거피 암컷은 그저 새끼를 낳을 뿐, 그것으로 어미와 자식의 관계는 끝난다. 아비는 이미 오래 전에 가버리고 없다. 어린 거피는 부모가 아닌 다른 어른들과 상호 관계를 맺는다.

문화적 전달은 세대 사이에서만이 아니라 세대 내에서도 일어난다. 정보가 반드시 어른에게서 아이로만 전달되는 것은 아니다. 일상 생활에서 우리가 얻는 정보들은 대부분 사실 같은 연령 집단에 속한 또래들로부터 얻는 것이다. 아이들뿐 아니라 어른들도 마찬가지이며, 이 현상이 바로 수평 전달이다. 사실 정보의 수평 전달이 너무나 강력하기 때문에, 부모는 그것이 아이에게 미치는 영향을 억누르기 위해 많은 노력을 기울인다. 우리는 아이들이 또래로부터 뭔가 배우기를 바라지만, 모든 것을 배우는 것은 원치 않는다.

수평 문화적 전달은 인간 이외의 동물들에게서도 큰 역할을 한다. 앞장에서 말한 모방 사례들 중에서도 주로 수평 전달을 통해 이루어진 것들이 많다.

이 절을 "이제 문화적 전달의 수평, 수직, 사선 모델이 내놓는 각각의 예측들을 짝 선택과 관련지어 파악할 수 있다"는 식의 말로 끝맺을 수 있다면 이상적일 것이다. 불행히도 우리는 아직 그 수준까지 도달하지 않았다. 사실 우리는 짝 선택은커녕 다른 어떤 행동에도 이 말을 적용할 수 없다. 하지만 문화적 전달과 사회적 행동을 계속 연구하다 보면, 언젠가는 그렇게 선언할 수 있을지도 모른다.

문화의 모델들이 어떻게 생존을 강화하는지 살펴보았으므로, 이런 질문을 할 수도 있다. 문화적 정보 전달이 우리의 생존 기회를 줄일 수도 있지 않을까? 생물학자라면 이렇게 물을 것이다. 부적응maladaptive 사례도 있지 않을까?

나쁜 문화

마에 관한 기이한 이야기를 하나 소개하겠다.

윌리엄 배스콤(1948)에 따르면, 포나페 섬의 미크로네시아인 부족에서는 정기적으로 열리는 축제에 얼마나 큰 마를 내놓느냐에 따라 남성의 위신이 크게 좌우된다고 한다.

매년 각 지역의 추장은 몇 차례 축제를 연다. 각 농장의 주인들은 빵나무 열매, 코코넛, 해산물 같은 기본 음식들 외에 "우량" 마를 하나 이상 내놓는다. 축제에 모인 사람들은 모두 마들을 살펴본 뒤 가장 큰 마를 내놓은 사람에게 도량이 크며 농사짓는 솜씨가 최고라고 찬사를 보낸다.

배스콤은 이렇게 덧붙인다. "위신을 뽐내는 경쟁에서 이겼다는 것은 그의 능력과 근면함과 관대함뿐 아니라, 윗사람에 대한 사랑과 존경심을 가졌다는 증거로 여겨진다. 추장은 커다란 마를 계속 내놓는 남성에게 직함을 준다. 게다가 이 마들은 정말 거대하다. 길이가 2.7미터에 폭이 1미터 가까이 되고, 옮기려면 열두 사람이나 달려들어야 한다."

더구나 농부가 축제에 무엇을 들고 오든, 마를 얼마나 많이 가져오든 아무 상관이 없다고 하니, 이야기는 더 이상해진다. 가장 큰 마의 크기가 얼마인가 하는 것만이 중요하다는 이야기이다.

온통 마에만 정신을 쏟는 그런 기이한 관습이 어떻게 진화할 수 있었던 것일까? 그 섬에 식량 걱정이 없는 것도 아닌 듯하므로, 소일거리 삼아 큰 마를 재배한다는 식으로는 설명이 안 된다. 이 섬에서는 식량이 부족할 때가 자주 있으며, 축제에 쓸 커다란 마를 재배하는 동안 식구들은 배를 주리고 있기도 한다.

문화적 전달이 유전적 부적응 행동, 즉 일반적인 상황에서 자연선택을 통해 서서히 제거되는 행동을 낳는 것이 이론적으로 가능할까? 로버트 보이드와 피터 리처슨은 그렇다고 주장한다. "동반 탈주" 문화 모델은 마와 포나페 섬 사람들의 기이한 이야기를 풀어낼 수 있다. 논리는 이런 식으로 전개된다.

더 먼 옛날에는 포나페 섬 사람들이 큰 마를 기르는 일에 별 관심이 없었다고 하자. 그런 상황에서는 더 솜씨가 좋거나 근면한 농부들이 축제에 쓸 만한 조금 더 큰 마를 내놓았을 것이라고 생각할 수 있다. 그 결과 마의 크기는 농사와 관련된 모든 솜씨와 신념을 말해주는 유용한 지표 형질이 되었을 것이다. 주민들은 큰 마를 재배하는 사람들을 모방함으로써, 성공한 농부가 되는 데 필요한 문화적 변이를 획득할 가능성을 높일 수 있다.

마의 크기가 일단 지표 형질이 되고 나면, 더 큰 마를 재배하겠다는 신념과 행동은 더 강해질 것이다. 큰 마에 감탄하는 성향이 강한 사람들은 이런 신념을 더 쉽게 습득할 것이다. 그럼으로써 두 형질은 서로 엮이게 되고, 더 큰 마를 재배하려는 사람들이 늘어날수록, 큰 마를 재배하는 능력에 찬사를 보내는 사람들도 늘어날 것이다.

그 다음은 익히 알고 있는 바이다. 2.7미터짜리 마와 검게 그을린 마 재배 영웅이 나타나는 것이다.

이런 행동이 인간에게만 있는 것이라고 생각하지 말도록. 사회적 정보 전달은 정상적인(더 정확히 말하면 잘못된) 상황에서, 거피에게 매우 부적응한 것으로 보이는 먹이 찾기 행동을 하게 만드는 것으로 드러났다.

문화적 행동이 어떻게 부적응 행동을 일으키는지 더 자세히 이해하기 위해, 문화적으로 유도된 행동의 가장 대담한 사례를 살펴보자. 그것은 현대 인류의 번식 행동이다. 여기서 우리는 문화적 진화가 유전적인 부적응 행동을 일으킬 수 있는 또 다른 메커니즘을 본다.

다윈의 자연선택 과정을 기초만 이해하고 있는 사람도 한 부모당 자손의 수가 현대 서구 사회(특히 선진국)에서 상대적으로 많아야 한다고 주장할 것이다. 아무튼 자연선택은 사람들이 갖는 자손의 수를 최대화하도록 되어 있다. 그것은 집단이 지닌 자원의 양이 더 많을수록 그 집단이 낳는 자손도 더 많아져야 한다는 것을 의미한다. 그리고 그 집단에서 어느 한 가족이 이용할 수 있는 자원이 더 많을수록, 그 가족은 다음 세대로 더 많은 유전자를 전달하도록 되어 있다. 하지만 현대 서구 사회에서는 정반대의 상황이 벌어지고 있는 듯하다. 출산율은 선진국이 가장 낮고, 선진국 내에서도 가장 부유한 집안이 자식 수가 가장 적다. 무슨 일이 벌어지고 있는 것일까?

이런 번식 딜레마를 설명하기 위해, 보이드와 리처슨은 "비대칭적으로 전달된 변이"라는 개념을 도입했다. 그들은 이 전문 용어를 다음과 같이 풀어놓고 있다.

특정한 문화적 변이를 지닌 개인들이 다른 문화적 변이를 지닌 개인들보다 주어진 사회적 역할을 좀더 잘 해낼 가능성이 있다. 이것은 각기 다른 사회적 역할에서 성공하면 선택 과정에서도 덩달아 살아남는다는 것을 의미한다.

부모의 역할에서보다 사회적 역할에서 성공할 가능성을 최대화하는 변이는 유전적 부모가 될 가능성을 최대화하는 변이와 다를 수도 있다.

부모 역할이 아닌 다른 사회적 역할에 몰두하는 개인들이 문화적 전달에 관여하고 있다면, 문화 변이에 작용하는 선택 과정들 중에 유전적으로 부적응한 문화 변이들의 빈도를 증가시키는 것도 많이 있을지 모른다.

보이드와 리처슨은 번식 쇠퇴 사례에서는 명성과 탐구 욕구를 가장 충족시켜주는 사회문화적 역할에서의 성취가 순수한 유전적 번식과 갈등을 빚는 형질들을 요구하는 것 같다고 주장한다. 전문가가 되려면, 즉 사회적으로 탐나는 지위에 오르려면 시간과 돈이 필요하다. 그런 주장을 더 이어가면, 당신의 아이들을 그런 지위에 올려놓고 싶다면, 자원이라는 파이를 너무 많은 아이들에게 나눠주지 않는 편이 낫다는 논리가 성립된다. 보이드와 리처슨은 더 나아가 대가족이 전문가라는 지위를 획득하는 데 방해가 된다는 간접적인 증거도 몇 가지 있다고 주장한다. 예를 들어, 항상 그런 것은 아니지만, 전문가는 종종 어느 정도 이상의 지능을 갖춰야 할 때가 많다. 지능 지수가 지능의 척도라고 가정한다면, 보이드와 리처슨의 가설은 대가족의 아이들이 지능 지수가 더 낮다고 예측하는 셈이 된다.

평균적으로 정확히 아이를 몇 명을 가져야 하는가는 단순히 이기적인 유전자의 계산 방식에 따르는 것이 아니라, 문화 과정과 본래의 자연선택 과정 간의 상대적인 힘에 좌우된다. 위에 간략하게 말한 사례에서는 자원이 풍부한 사회라 해도, 문화적 힘이 강할수록, 태어나는 아이의 수는 줄어들게 된다.

문화적 진화 모델들을 논의하면서, 우리는 널리 알려진 접

근 방식 하나를 빠뜨렸다. 그것은 "밈"과 문화적 전달이라는 개
념이다. 최근 들어 밈을 바탕으로 삼아 인간의 행동을 파악하는
연구들이 활발하게 이루어지고 있다. 그것은 별도의 장으로 다
룰 만하다. 이제 밈을 살펴보기로 하자.

다시 밈으로

5

따 – 따 – 따 – 따안, 따 – 따 – 따 – 따안 …

베토벤 교향곡 제5번 〈운명〉 도입부

내 웹스터 사전에는 유전자가 "염색체 위에서 고정된 위치를 차지하고 있는 기능적 유전 단위"라고 정의되어 있다. 이 정의만 있으면 당신은 발 디딜 자리를 마련한 셈이다. 유전자가 무슨 일을 하든 간에, 우리는 유전자에 어느 정도 기댈 수 있다. 유전자가 염색체라는 비비 꼬인 작은 덩어리의 특정 위치에 있다는 것을 알고 있기 때문이다. 우리는 형질이 "유전자 내에 있다"고 말하며, 비록 평생을 유전학에 몸담은 이론가는 웹스터 사전의 정의가 다소 미흡하다고 생각하겠지만, 나머지 사람들은 그 정의에 만족한다. 실제로 문화와 문화적 전달을 연구하는 사람들은 오래 전부터 "유전자 선망" 같은 것을 품어 왔을 정도다.

문화적 전달의 권위자는 곰곰이 생각한다. 우리에게도 유전자 같은 효력을 지니는 단어가 있다면 좋지 않을까? 짧으면서 외우기 쉬운 하나의 이름 속에 문화적 전달의 본질을 포착할 수만 있다면. 그러면 사람들은 문화적 전달이라는 문제를 진지하게 생각하지 않을까?

우리는 이 가상의 연구자가 왜 이런 고심을 하는지 이해할 수 있다. 따라서 많은 사람들이 문화에서 유전자와 같은 역할을 하는 단어를 만들기 위해 시도해 왔다고 해도 그다지 충격적이지는 않을 것이다. 유전자와 비슷한 것, 즉 분리된 존재이면서 유전적이 아니라 문화적으로 다음 세대로 전달되는 무언가를 창조해내려는 시도는 늘 있어 왔다. 찰스 럼스덴과 에드워드 윌슨의 문화유전자 cultragen, 클로우크의 아이문화 i-cultures, L. L. 카벨리-스포르차와 마커스 펠드먼의 문화형질cultural trait 같은 것이 여기에 포함된다. 하지만 그 중에서 승자는 단연 밈 개념이다.

비유를 끌어내는 데 남다른 재주를 지닌 도킨스는 고전이 된《이기적인 유전자》의 마지막 장에서 독자들에게 밈 개념을 소개하고 있다.

> 우리는 그 새로운 복제인자에게 이름, 문화적 전달의 단위나 모방의 단위 개념이 담긴 명사를 붙일 필요가 있다. 그에 맞는 그리스 어근을 뽑으면 "미맘"이 되지만, 나는 "유전자gene"과 비슷한 단음절 단어를 원한다. 고전학자 여러분은 내가 미맘을 밈으로 줄이는 것을 용서해주길 바란다.

여기서는 정의가 핵심이므로, 밈을 무너뜨리거나 변질시키려는 시도들이 무수히 있어 왔으며, 그렇게 나름대로 정의하려는 과정을 겪으면서 밈 자체는 진화하는 것이 되었다. 밈 개념을 다시 정의하려는 시도들을 몇 가지 살펴보면 이렇다.

· 모방 같은 비유전적 수단을 통해 전달되는 것으로 여겨지는 문화 요소.

· 인간의 정신에 기생적으로 감염되고 인간의 행동을 바꿈으로써 복제하는 전염성 정보 양상으로서, 인간에게 그 양상을 전파하도록 만드는 것. (도킨스가 "유전자"에 비유해 만든 용어이다.) 구호, 표어, 짧은 선율, 도상, 발명품, 유행하는 것 등이 대표적인 밈에 해당한다. 개념이나 정보 패턴은 누군가가

그것을 복제할 때까지는 밈이 아니다. 전달되는 지식은 모두 밈이다.

· 밈은 뇌에 들어 있는 정보 단위로 여겨져야 한다. 그것은 뇌가 어떤 물리적 매체를 사용해 정보를 저장하든 간에 특정한 구조를 지니고 있다.

· 모방을 통해 전달되는 것은 무엇이든 밈이다.

· 문화 유전 단위. 문화 환경에서 자신의 생존과 복제에 "표현형적" 결과를 미침으로써 자연적으로 선택되는, 입자성 단위인 유전자에 비유해 가정한 개념.

나는 이 중에서 마지막 정의가 가장 마음에 든다. 내용도 마음에 들 뿐 아니라, 도킨스가 밈을 진지하게 생각할 당시에 제시한 것이기 때문이다.

도킨스의 밈 개념은 처음에 흥미롭게 여겨졌지만, 진화생물학자들 사이에서조차 별 인기가 없었다. 하지만 그 뒤 상황은 바뀌었다. 지난 5년 동안 밈 개념은 성공한 밈이라는 것이 증명되어 왔으며, 밈학이라는 새로운 분야가 탄생했고, 자체적인 온라인 잡지와 교양서까지 내고 있다. 이 새로운 하위 분야의 연구자들은 밈 연구가 문화적 진화를 이해하는 열쇠라고 본다. 그 분야의 토대를 탄탄히 다지고 진지한 학문 분야로서의 모습을 갖추게 하기 위해, 밈에 관련된 새로운 어휘들이 만들어져 왔다. 다음은 웹 사이트에 실려 있는 밈학 용어들 중 몇 가지를 고른 것이다.

공동밈co-meme 상호 보조하는 밈복합체를 형성해 다른 밈들과 공생하면서 함께 진화하는 밈. 공생밈symmeme이라고도 한다.

밈봇membot 기회가 생길 때마다 로봇처럼 밈을 전파하는 종속된 삶을 사는 사람. (여호와의 증인, 크리슈나, 사이언톨로지의 많은 신자들.) 내부 경쟁이 있기 때문에, 가장 목소리가 큰 극단적인 밈봇이 그 사회 계급의 정상에 오르는 경향이 있다. 자기 파괴적인 밈봇은 미모이드memeoid라고 한다.

밈복합체meme-complex 진화를 통해 공생 관계가 된 상호 보조하는 밈들의 집합. 종교적 및 정치적 교리, 사회 운동, 예술 사조, 전통과 관습, 행운의 편지, 패러다임, 언어 등이 밈복합체에 해당한다. 엠플렉스m-plex나 밈조직scheme이라고도 불린다.

밈형memotype 1. 사회형sociotype과 구분되는, 밈의 실제 정보 내용.

2. 비슷한 밈들의 집합.

메타밈meta-meme 밈에 관한 밈("관용", "은유" 같은 것들).

도킨스와 다른 관련 인사들의 눈에 밈이 그렇게 특별하게 보인 것은 밈이 유전자만 지니고 있던 지위를 획득했기 때문이다. 밈은 복제인자이며, 진화 관점에서 보면, 그것이 모든 차이를 만든다. 복제인자는 신뢰성(복제를 제대로 해낸다), 다산성(복제를 많이 한다), 수명(오랜 기간에 걸쳐 복제를 한다)이라는 세 가지 특성을 갖고 있다. 도킨스는 복제인자가 "때때로 오류를 일으키기도 하면서 복제의 확률에 어떤 영향력이나 지배력을 발휘하는 모든 복제 단위"라고 요약한다.

밈 개념이 더 피부에 와 닿도록, 대다수 서구 사회에서 이루어지는 생일 파티라는 의식을 생각해 보자. 생일 파티에 가서 생일 노래를 듣지 못한 적이 있었는지? 내 생각에 그 노래는 꽤 오래 전부터 있었을 것이다. 그리고 그 노래에는 거의 변이가 없다. "해피 버스데이 투 유." 그 상황에서 다른 노래는 불리지 않는다. 그 곡조는 밈이다. 그것도 성공한 밈이다.

"해피 버스데이 투 유"가 왜 밈인지 알아보기 위해, 복제인자를 정의하는 세 가지 특성인 신뢰성, 다산성, 수명을 떠올려 보자. 당신은 사람들이 그 노래를 잘못 부르는 경우를 거의 보지 못할 것이다. 심지어 어린 아이들도 제대로 부른다. 어쩌다가 잘못 부르는 사람이 나타나면, 다른 사람들이 제대로 노래를 불러 즉시 실수를 바로잡아준다. 게다가 어린 아이들에게 "해피 버스데이 투 유"를 가르치면, 아이들은 거의 모두 그 노래를 정확히 따라 부른다. 따라서 여기서 신뢰성—복제인자가 얼마나 정확히 복제되는가—은 문제가 되지 않는다. 그리고 거의 모든 아이들이 일찍부터 그 노래를 배우며, 이런 일이 오랫동안 이어져 왔다는 점을 생각하면, 복제인자의 다른 두 기준인 다산성과 수명도 충족된다는 것을 알 수 있다.

"해피 버스데이 투 유"가 신뢰성과 다산성 기준은 충족시키

148

긴 해도, 수명을 충족시킨다는 말은 좀 억지 같다고 주장할 사람도 있을 것이다. 이 곡조가 불린 지가 겨우 두 세대밖에 안 되므로, 진화적 기간으로 보면 모자에 물방울 하나 떨어진 것에 불과하니 말이다. 문제는 복제인자의 수명이 무엇을 뜻하는지가 분명하지 않다는 점이다. 베토벤 교향곡 5번과 "태초에 신이 하늘과 땅을 창조했다"라는 말이 밈의 좋은 후보임을 생각해 보라. 그것들은 각기 수백 년과 수천 년을 전해져 왔다. "해피 버스데이 투 유"는 진화 기준에서 보더라도 꽤 오랜 기간 동안 생일 파티에서 사라지지 않을 듯하다.

밈 같은 복제인자가 특이한 이유는 그것들이 진화 회계에서 "셈하는 단위"라는 것이며, 복제인자의 "목적"은 오직 하나 자신을 더 많이 복제하는 것뿐이다. 그들이 있어야 할 이유는 자신을 복제하는 것밖에 없다. 《이기적인 유전자》는 사실 유전자가 왜 복제인자인가라는 논의를 확장시킨 것이다. 그리고 밈 개념이 등장할 때까지, 유전자는 지구에서 유일한 복제인자로 여겨져 왔다. 원리상으로는 다른 복제인자도 가능하지만, 도킨스가 밈이 유전자와 같은 의미의 복제인자가 될 수 있다는 주장을 내놓기 전까지는 다른 복제인자가 있다고 강력히 주장한 사람이 아무도 없었다. 제대로 된 밈은 유전자와 똑같이 신뢰성, 다산성, 수명 세 가지 특징을 갖고 있다. 밈을 복제인자로, 즉 유전자가 복제인자인 것과 똑같은 의미의 복제인자로 만드는 것이 바로 그것이다.

밈이 복제인자임을 인정하고 나면, 우리는 문화 형질들이 언제나 이런저런 방식으로 유전적 적합성에 영향을 미치기 때문에 선택된다는 주장을 영구히 폐기하게 된다. 밈이 복제인자라면, 밈은 밈을 더 많이 복제하는 데 관심을 갖고 있을 것이며, 오직 그 일에만 관심이 있을 것이다. 때때로, 아마 거의 언제나 밈은 자신의 복사본을 만드는 데 열중할 것이고, 또한 그것을 퍼뜨림으로써 개인의 적합성을 증가시킬지도 모른다. 그런 일이 벌어지면, 밈은 더욱더 빨리 퍼져나가겠지만, 중요한 점은 그런 일이 반드시 일어나야 할 필요는 없다는 것이다.

밈은 자신의 복사본을 만드는 데 능숙하기 때문에, 때로는 밈을 퍼뜨림으로써 개인의 유전적 적합성을 감소시킬지도 모른다(앞장에서 말한 마 이야기를 생각해 보라). 많은 종교들에서 금욕 생활을 하는 밈이 이런 현상의 가장 좋은 사례로 인용되곤 하지만, 그것은 밈이 생물학적 적합성에 해를 입히는 수많은 사례들 중 하나에 불과할 뿐이다. 도킨스가 말한 것처럼 말이다. "밈은 나름대로 복제할 기회와 자신의 표현형 효과를 갖고 있으며, 밈의 성공이 유전자의 성공과 반드시 관련되어야 할 이유는 전혀 없다."

밈이 복제인자라는 인식이 문화적 진화 이해에 대단히 중요하다는 것은 아무리 강조해도 지나치지 않다. 도킨스는 많은 동료들이 밈을 문화적 전달의 단위로는 기꺼이 받아들이려 하지만, 밈이 유전자와 정반대로 작용하면서도 오랫동안 존속할 수 있다는 생각은 받아들이려 하지 않는다고 말하곤 한다. 밈이 복제인자임을 일단 받아들이고 나면, 당신은 밈이 결코 유전자와 정반대로 작용할 수 없다는 식의 주장을 포기하거나, 아니면 복제인자 개념의 효용성을 포기해야 한다. 그 개념을 포기한다면 엄청난 실수를 저지르는 셈이다. 요점은 간단하다. 밈이 그렇게 특별한 것은 그것이 복제인자이기 때문이다. 그리고 밈이 복제인자라면, 밈은 유전자가 아니라 자기 자신을 복제하는 데 성공하느냐에 따라 증가하거나 감소하게 된다.

과거의 적응이라는 유령

남성은 짝을 고를 때 여성이 성적으로 성숙한 시기에 도달한 지 얼마나 되었는가에 무척 신경을 쓰곤 한다. 그것은 출산 능력을 나타내는 표지이다. 그리고 여성은 남성이 지닌 자원 쪽에 더 신경을 쓴다. 물론 이런 이야기를 하는 것이 정치적으로 공정하지는 않지만, 데이비드 버스는 전 세계 37곳의 인간 사회를 조사한 결과 이런 두 현상이 정말로 있다는 것을 확인했다. 그런 행동은 표준 자연선택 사고 틀에 쉽게 끼워 맞춰질 수 있으며, 더 이상의 설명이 필요 없는 듯하다. 하지만 인간의 짝 선택에는 그렇게 쉽게 설명되지 않는 측면들이 많이 있다.

우리가 어느 정도는 생물학적 적합성에 극히 중요한 형질들에 의존해 짝을 선택하는 것은 틀림없지만, "완벽한 짝"에는 유전적 적응이라는 측면에서 볼 때 아무 의미가 없는 측면들이 많은 것 같다. 때때로 우리는 유전적 적합성의 관점에서 볼 때 사실상 부적응한 형질들에도 끌리는 듯하다. 당신의 배우자가 방을 가로질러 가는 모습을 바라보라. 당신은 틀림없이 그녀를 사랑하며, 당신 눈에 그녀가 아름답게 보이는 것도 분명하다. 하지만 솔직히 말해서 당신이 유전적 적합성을 유일한 기준으로 삼는다면, 그녀는 아마도 당신이 선택할 수 있는 최고의 상대는 아닐 것이다. 이런 차이를 어떻게 설명할 수 있을까?

적어도 두 가지 설명 방식이 있다. 밈 방식과 진화심리학 방식이 그것이다. 밈 방식은 단순하다. 특정한 밈이 자신을 퍼뜨리는 데 능숙하다면, 그것은 집단 내에서 점점 더 흔해질 것이다. 가령 "비만 남성과 혼인하는" 밈이 자신을 복제하는 데 능숙하다면, 그것은 널리 퍼질 것이다. "비만 남성이 멋지고 부양을 해줄 것이기 때문에 혼인한다"고 주장할 수 있을 것이며, 그것은 밈일 가능성이 더 높아진다. 그 밈이 자신의 복사본을 만드는 한, 그 밈이 정확한지 여부는 전혀 상관이 없다. 즉 뚱뚱한 남성이 멋지고 돈을 잘 쓰는지 여부는 전혀 중요하지 않다. 심

152

지어 비만 남성과 혼인하는 것이 아이를 더 적게 갖는다는 의미라고 해도 아무 상관이 없다. "무엇무엇 때문에 비만 남성과 혼인한다"는 밈은 오직 자신의 복사본을 만드는 데에만 관심이 있을 뿐, 정직이나 유전적 효과에는 전혀 관심이 없다.

진화심리학은 부적응으로 보이는 행동이 인간 정신의 진화가 인류가 수렵채집 사회를 이루고 살았던 홍적세(2백만 년에서 10만 년 전)에 이루어진 뒤 거의 변하지 않은 결과라고 설명한다. 이런 견해를 가장 앞장서서 주장하는 사람은 제롬 바코브, 레다 코스미데스, 존 투비일 것이다. 그들은 이렇게 말한다.

> 가장 합리적인 기본 가정은 인간 정신의 흥미로운 복잡한 기능적 설계가 수렵과 채집 생활 양식에 맞게 진화했다는 것이다.
> 구체적으로 말하면, 정신의 메커니즘은 세계가 부과하는 과제와 요구 사항에 맞게 설계되는데, 여기서 "세계"란 수렵채집인이 살던 홍적세를 뜻한다. 우리는 현대 세계에서 겪는 일상 경험들을 통해 단련된 직관에 의지할 수 없다. 마지막으로, 고대 생활 방식에 적응한 메커니즘을 통해 형성된 행동이 현대 세계에 반드시 적응성이 있는 것은 아니라는 점을 인식하는 것이 중요하다.

그 주장에 따르면, 우리 뇌는 본래 수렵채집인들이 살았던 홍적세 환경에 대처하도록 설정되어 있으므로, 수렵채집인 시대와 전혀 다른 선택 압력을 겪고 있는 현대에 우리가 선택 이점이 전혀 없는 행동들을 종종 한다는 것도 놀랄 일이 아니다.

이 두 설명 방식은 현재의 유전적으로 부적응한 행동을 전혀 나르게 파악하고 있다. 어떤 행동이 자연선택의 관점에서 부적응할 때, 밈학자들은 그것을 밈이 작용한 결과라고 보는 반면, 진화심리학자들은 그런 행동이 제대로 설계된 정신의 반응이라고, 단지 그 정신이 원래 그 설계가 의도했던 세계와 다른 세계에 살고 있는 것일 뿐이라고 말한다. 하지만 진화심리학자의 주장을 제대로 이해하려면, 먼저 학습 영역과 다윈 알고리듬이라는 두 개념을 살펴볼 필요가 있다.

심리학자들은 뇌가 영역별로 구분되어 있는지, 즉 특수 영역인지 일반 영역인지 여부를 놓고 오랫동안 논쟁을 벌여 왔다. 이 자리에서 그 논쟁을 상세히 다룰 수는 없지만, 컴퓨터에 비유하면 비교적 쉽게 요약할 수 있다. 뇌가 일반 영역이라는 개념은 학습할 때 뇌가 만물 박사, 즉 범용 학습 장치라고 말한다. 즉 뇌가 동일한 기본 규약을 이용해 갖가지 상이한 문제들을 해결한다고 주장한다. 가령 먹이 찾기, 짝짓기, 공격, 협동이라는 맥락과 상관없이 학습은 같은 양상으로 다루어진다. 배운 것은 다를지 모르지만, 뇌는 각기 다른 학습 문제들을 각기 다른 방식으로 다루는 저마다의 영역으로 분리되어 있지 않다는 것이다. 최근 들어 뇌 이야기를 할 때 흔히 언급되곤 하는 컴퓨터에 비유해 말하자면, 인간의 뇌는 뭔가 이루어야 할 때면 비록 복잡하기는 하지만 하나의 알고리듬을 작동시키는 듯하다.

진화심리학자들은 뇌 비유 측면에서 특수 영역 학파에 속한다. 그들은 자연선택이 각기 특수한 과업을 맡고 있는 많은 영역들을 만들어 왔다고 주장한다. 어떤 문제와 마주쳤을 때, 뇌는 그 문제를 해당 영역에 맡긴다. 이 관점에서 보면, 뇌는 수많은 하위 알고리듬으로 이루어진 하나의 거대한 알고리듬과 비슷하다. 진화심리학자들은 이 하위 알고리듬들이 자연선택을 통해 형성되었다고 해서, 그것을 다윈 알고리듬이라고 부른다.

진화심리학적 접근 방식의 강점은 자연선택이 여러 문제들 중에 적합성 측면에서 대단히 중요한 문제들을 다루는 알고리듬들에 더 비중을 둔다는 것을 인정한다는 데에 있다. 따라서 먹이 찾기, 짝짓기, 공격성 영역이 가장 잘 발달한 다윈 알고리듬에 해당할 것이다. 더 나아가 진화심리학의 개척자인 코스미데스와 투비는 다윈 알고리듬들이 더 세분된다고 주장한다. 우리는 특정한 행동에 해당하는 하위 알고리듬들이 있다고 생각할 수 있고, 더 나아가 그 행동을 "사회 계약"이 있는 상황과 없는 상황에서 생각해 보아야 한다.

사회 계약은 이런저런 형태의 채점이 이루어지는 사회적 상호 작용을 수반한다. 내 부모님은 유대교 성인식 때 줄 선물에 몹시 신경을 쓰는 데, 그것도 단순한 사회 계약에 해당한다. 누군가에게 얼마나 큰 성인식 선물을 줄 것인가는 그들이 전에 내 성인식 때 얼마나 큰 선물을 주었는가에 따라 다르다. 내 부모님은 점수를 매기며(물론 정확하지는 않겠지만 대충 비슷하다), 그 채점은 사회적 맥락 속에서 이루어진다. 나는 부모님이 생활하면서 틀림없이 대단히 많은 것들에 점수를 매겨왔으며, 그 중에는 사회적 채점표에 기록되지 않은 것들도 많으리라고 상상할 수 있다. 다윈 알고리듬 접근 방식은 난이도가 똑같은 문제들에 채점을 할 때 사람들이 사회적 상호 작용에 초점을 맞춘 문제들을 더 제대로 채점할 것이라고 주장한다. 자연선택은 바로 그런 알고리듬을 향해 가장 정밀하게 조율되어 있기 때문이다.

진화심리학자들은 영역 특이성이 우리가 과거 수렵채집인으로 있을 때 정해진 것이라고 주장한다. 우리가 현재 부적응 행동을 한다면, 그것은 그저 우리 뇌의 프로그램들이 매우 정밀하게 조율된 탓이다. 뇌가 이제 더 이상 존재하지 않는 환경을 다루는 쪽으로 정밀하게 조율되어 있기 때문이라는 것이다. 하지만 밈이 진화의 중요한 추진력이라고 본다면, 밈이 배후 조종하는 행동은 그것이 적합성 측면에서 적응성을 지니고 있는지 여부와 무관해진다. 밈이 행동을 이끈다고 하면, 우리는 유전적 적합성이 아니라, 밈 적합성(즉 밈이 스스로를 얼마나 복제할 수 있는가)에 초점을 맞추어야 한다. 이것은 분명 전혀 다른 세계관이다. 하지만 슬프게도 문화를 진화심리학적으로 보는 관점이나 밈을 통해 보는 관점 중 인간이나 다른 동물들에게서 부적응 행동처럼 보이는 것들을 어느 쪽이 더 잘 설명한다고 확신을 갖고 말하기에는 아직 이르다.

노랑부리검은지빠귀와 거피의 밈

4장에서 말한 많은 모델들과 달리 밈은 수학적으로 뒷받침되지 않고 있다. 밈은 유전자에 전적으로 의지하지 않는 문화적 진화 개념을 전면에 내세우고 있으며, 우리는 그것만으로도 밈에게 감사를 표해야 한다. 밈에 관한 다음 질문은 밈이 인간에게서만 진지하게 고려해야 하는 것인지, 아니면 다른 종의 문화적 경관에도 속한 것인지 여부이다. 밈을 가장 강력히 옹호하는 대변자들은 현재 밈이 거의 전적으로 인간에게만 있는 현상(동물에게도 있을 수 있다는 것을 보여주는 사례들을 이따금 언급하고 있기는 하지만)이라고 주장하고 있다. 현재 가장 적극적으로 밈을 옹호하고 있는 수잔 블랙모어의 연구를 통해서 이런 주장을 살펴보기로 하자.

블랙모어의《밈 기계》는 현재까지 나온 밈 연구서 중 가장 야심적인 책이다. 이 책은 인간의 언어, 사람들이 왜 그렇게 말을 많이 하는지, 우리가 어떻게 짝을 선택하는지, 우리가 왜 이타적인지, 우리가 왜 커다란 뇌를 갖고 있는지를 밈(그리고 밈과 유전자의 상호 작용)을 통해 가장 잘 설명할 수 있다는 논란의 여지가 많은 흥미로운 주장을 담고 있다. 블랙모어는 더 나아가서 종교, 글 쓰는 능력, 정보 전달 수단으로 책을 선택하는 것, 인터넷도 밈이 자신을 더 많이 복제하는 방식에 불과하다고 주장한다. 그리고 마지막 장에서 블랙모어는 개성과 자유 의지는 신화에 불과하다는 매우 놀라운 논리적 결론을 내린다. "우리는 밈일 뿐이다."

여기서 밈이 인간한테 이런저런 일을 한다는 모든 주장들을 체계적으로 다룰 생각은 없다. 나는 《밈 기계》를 검토해 인간 이외의 동물들을 대상으로 밈의 기원 문제를 살펴보려 한다. 블랙모어는 다른 부분에서는 애매하게 말했을 수도 있지만, 인간 이외의 동물들의 밈이라는 문제에서는 가능한 한 명확하게 자기 주장을 펼치고 있다. 모방이 밈 개념에 대단히 중요하다는 것을 염두에 두고 다음 문장들을 생각해 보라.

이 책의 주제는 우리를 다르게 만드는 것이 우리가 가진 모방하는 능력이라는 것이다.

우리가 밈을 모방을 통해 전달되는 것이라고 정의한다면, 인간만이 폭넓게 밈적 전달을 할 수 있다고 결론을 내려야 한다.

밈적 진화는 인간이 다르다는 것을 뜻한다. 인간의 모방 능력은 자신의 최대 이익을 위해 행동하는 제2의 복제인자를 만들어낸다.

　　이런 주장들을 가볍게 다루어서는 안 된다. 이런 주장들은 도킨스로 하여금 자신의 동물과 밈 관점을 재검토하도록 만들었다. 그는 블랙모어의 책을 평하면서 이렇게 말했다. "상상이 우리 조상을 다른 모든 동물들과 갈라서게 한 열쇠일 수가 있을까? 나는 그런 생각을 한 번도 해 본 적이 없지만, 이 책에서 블랙모어는 감질날 정도로 강력한 사례를 하나 제시하고 있다."

　　동물에게 밈이 없다고 강력하게 주장하는 이유는 무엇일까? 블랙모어의 주장은 모방이라는 용어에 초점을 맞추고 있는 듯하다. 도킨스와 블랙모어는 밈이 작동을 하려면 생물이 모방을 하며 살아가야 한다고 말한다. 모방 능력이 없으면, 밈도 없다. 그렇다면 인간 이외의 동물이 밈을 갖고 있다고 해서 문제될 것이 있을까? 나는 이미 동물들이 짝 선택 때 서로를 모방하고 복제한다고 주장해 왔다. 그렇다면 그들은 모방을 하는 것일까 아닐까? 이런 말을 하고 싶진 않지만, 그것은 당신이 말하는 모방이 무엇을 의미하는가에 달려 있다.

　　많은 동물 종들이 사회적 학습을 할 수 있다는 것, 즉 서로에게 배운다는 것은 분명하다. 하지만 규모가 작긴 하지만 영향력 있는(그리고 아주 목소리가 큰) 한 심리학자 집단은 사회적 학습이 너무 폭넓은 개념이므로 여러 범주로 세분해야 할 필요가 있다고 생각해 왔다. "복사", "전염", "사회적 촉진", "국지적 강화", "자극 강화", "목표 지향", "사회적으로 중개된 회피

159

조건 형성", "관찰 조건 형성", "부합 의존 행동", "진정한 모방" 같은 것들이 이 범주에 들어간다. 나는 여러분이 이런 것들로 골치를 썩이기를 바라지 않는다.

그리고 설령 이렇게 세분했다고 해도, "진정한" 모방이 무엇인가는 여전히 논란이 있다. 하지만 지금 우리는 동물의 밈 같은 것이 있을 리가 거의 없다는 블랙모어의 주장을 조사하고 있으므로, 그녀가 정의한 모방 개념(더 정확히 말해서 다른 사람들이 제시한 정의들 중 그녀가 채택한 것)을 이용해 그녀가 생각하는 동물의 밈을 다루는 것이 공정할 듯하다. 블랙모어는 이렇게 말한다. "모방은 다음 사항을 반드시 수반한다. (a) 모방할 대상, 즉 "같은" 또는 '비슷한' 것이 무엇인지 결정, (b) 한 관점에서 다른 관점으로의 복잡한 전환, (c) 일치하는 신체적 행동의 산출."

사실 이런 매우 엄격한 정의 하에서는 동물 문화의 확고한 사례를 찾을 수가 없을지도 모른다. 하지만 다른 유형의 사회적 학습들은 분명히 많이 있으며, 그것들만 있으면 우리는 정말로 동물에게 밈이 있는지 여부를 보여줄 수 있다. 동물의 밈을 깊이 있게 다루기에 앞서, 밈이 인간적인 현상이라는 생각이 블랙모어가 채택한 엄격한 모방 정의의 핵심이라는 점을 인식할 필요가 있다. 블랙모어가 택한 정의를 활용하고 싶다면, 동물 모방에 관한 모든 주장들이 의문시될 것이며, 동물의 밈 개념도

160

마찬가지이다. 블랙모어가 말한 세 가지 기준을 만족시키는 사례는 찾기가 대단히 어렵다. 심지어 인간에게서도 찾기가 힘들다! 문제는 블랙모어가 어떤 상황에서는 이 엄격한 기준을 받아들이는 듯하면서도, 다른 상황에서는 어떤 것이 모방인가라는 물음에 애매한 태도를 보인다는 것이다. 한 예로 그녀는 자기 책 앞부분에서 이렇게 쓰고 있다.

> 나는 "모방"이라는 단어를 넓은 의미로도 사용할 것이다. 따라서 친구가 당신에게 어떤 이야기를 했는데 당신이 그 이야기의 요지를 기억했다가 다른 누군가에게 전달한다면, 그것은 모방에 속한다. 당신은 친구가 말한 단어 하나하나와 그 순간의 행동들을 정확히 모방하지는 않았지만, 뭔가(이야기의 요지)가 친구로부터 당신에게로, 그리고 다른 누군가에게로 복사되었다. 이것이 바로 모방이라는 말의 "넓은 의미"이다. 미심쩍다면, 뭔가가 틀림없이 복사되었다는 것을 기억하도록.

나는 그 모방 정의를 좋아하며, 그것이 많은 의미를 만들어 낸다고(특히 본뜨기와 관련해) 생각한다. 그 정의는 블랙모어가 포괄적으로 적용하고 있는 엄격한 모방 기준을 충족시키지 못한다. 사실 《밈 기계》 속에서는 "넓은 의미의 모방"이라는 말(그리고 비슷한 글귀들)을 수없이 찾아볼 수 있다. 밈을 동물에게서 거의 찾아볼 수 없다는 그녀의 명제는 엄격한 정의에 바탕을 둔 것이므로, 동물에 대한 그녀의 주장은 그다지 확고한 토

161

대 위에 서 있지 않은 셈이다.

이제 우리는 더 중요한 질문으로 옮겨갈 수 있을 듯하다. 동물이 이른바 진정한 모방에 관한 그 엄격한 기준을 충족시키는지 여부가 정말로 중요한 것일까? 다시 말해, 엄격한 모방이 없어도 동물에게 밈이 존재할 수 있을까? 다른 형태의 사회적 학습만을 갖고도 동물이 밈을 지니고 있다는 것을 충분히 보여줄 수 있을까? 나는 그렇다고 믿는다.

블랙모어가 정의한 밈을 복제인자로 만드는 것이 무엇인지 알아보기 위해 다시 기본 사항으로 돌아가보자. 복제인자는 신뢰성, 다산성, 수명이라는 특징을 지닌다. 모방의 엄격한 정의를 충족시키지 않으면서도 이런 세 요소를 보여주는 사회적 학습의 사례를 동물에서 찾아볼 수 있을까? 그렇다고 한다면, 인간뿐 아니라 인간 이외의 동물들에게서도 밈을 찾을 수 있다는 의미가 된다.

에버하르트 쿠리오 연구진이 조사한 사례를 살펴보자. 그들은 노랑부리검은지빠귀가 포식자에 맞서는 행동을 조사했다. 이 이야기의 핵심은 원래 대머리새friarbird가 노랑부리검은지빠귀의 포식자가 아니며, 서로 마주쳤을 때 노랑부리검은지빠귀가 그 새를 포식자라고 믿지 않는다는 점에 있다. 쿠리오는 노랑부리검은지빠귀가 다른 동료들이 포식자와 마주쳤을 때 대처하는 모습을 지켜보도록 하는 실험을 했다. 그는 속임수를 약간

써서, 관찰자인 새가 대머리새가 있을 때 포식자 대항 행동을 보이는 모습을 지켜보도록 했다. 실제 모델이 된 새는 부엉이라는 진짜 포식자에 대처하고 있었지만, 칸막이를 몇 개 설치해서 관찰자에게는 모델이 대머리새에게 대처하고 있는 듯이 보이도록 했다. 우리의 관찰자는 어떤 반응을 보일까? 그 관찰자를 대머리새 옆에 갖다놓자 포식자 대항 행동을 보였다. 또 쿠리오 연구진은 "대머리새는 포식자다"라는 이런 개념이 적어도 다른 여섯 마리에게 전파될 수 있다는 것을 보여주었다.

블랙모어가 때때로 정의하는 방식에 비춰볼 때, 쿠리오의 실험이 진정한 모방의 사례가 아니라는 것은 분명하다. 하지만 그 실험이 본뜨기 행동의 사례인 것은 분명하며, 나는 "대머리새는 포식자다"를 밈으로 보아야 한다고 주장하려고 한다. 그것은 밈, 즉 복제인자의 세 기준을 충족시킨다. 쿠리오는 "대머리새는 포식자다"에 담긴 정보가 집단 내에서 정확히 전달된다는 것을 보여주었으므로, 신뢰성은 충족된다. 이 밈의 복사본들이 퍼져나가고 실험 방식을 약간 다르게 했다면 아마 더 멀리 퍼져나갔을 것이므로 다산성 기준도 충족된다. 물론 연구실에서 이루어진 실험을 토대로 수명을 이야기한다는 것은 어렵지만, 원리상 이 밈이 자연 집단 속에 자리를 잡았을 때 장기간 존속하지 않는다고 볼 이유는 없다. 이 밈이 나이가 많은 지배자에게 맨처음 나타났다면 더 확실할 것이다. 만일 우리가 신뢰성, 다산성, 수명을 본다면, 블랙모어의 정의에 따라 우리는 복제인자를 가진 셈이다.

동물의 짝 선택에서 밈은 어떨까? 이 문제를 살펴보기 위해, 내 오랜 연구 상대인 거피에게로 돌아가 보자. 암컷들이 샛노란 수컷들을 선택하는 장면을 다른 많은 관찰자 암컷들에게 지켜보도록 했다고 하자. 그리고 그 암컷들이 속한 집단에는 본래 노란 수컷들이 거의 없다고 가정해 보자. 이제 관찰자 암컷들을 본래의 집단 속에 풀어 넣고 색깔이 제각각인 수컷들도 넣었다고 하자. 나중에 나는 원래의 관찰자 암컷들만이 아니라, 다른 암컷들 중에서도 노란 수컷을 선호하는 개체들이 많다는 것을 알아차리게 된다.

암컷들이 엄격한 모방이라는 우리 기준을 충족시키지 못하는 것은 사실이지만, 그래도 우리는 흥미로운 질문을 할 수 있다. 여기서 우리는 "노랑은 성적 매력이 있다"는 밈을 가진 것이 아닐까? 나는 아마 그럴 것이다라고 말하련다. "노랑은 성적 매력이 있다"는 스스로를 복사할 것이고, 거기에는 신뢰성이 어느 정도 확보되어 있다(즉 나는 푸른 수컷을 선택하는 암컷들을 그리 많이 보지 못한다). 역시 통제된 환경이므로 수명을 측정하기는 어렵지만, 노란 수컷들이 "노랑은 성적 매력이 있다"라는 밈의 빈도가 증가함에 따라 증가한다고 쉽게 상상할 수 있다. 노란 수컷을 선택함으로써 생물학적 적합성이 줄어든다면, "노랑은 성적 매력이 있다"라는 밈은 결국 사라질지 모르지만, 인간이 지닌 밈들도 그 점에서는 마찬가지이다. 밈의 관점에서 중요한 것은 더 많은 복사본을 만드는 것뿐이다. 이것은 밈이 대개는 유전자와 협력한다는 의미이지만, 언제나 그런 식으로 작용하는 것은 아니다. 그리고 유전자에게 좋은 것과 밈에 좋은 것 사이에 경쟁이 벌어진다면, 밈이 자신의 생물학적 경쟁자보다 훨씬 더 빠르므로, 그런 경쟁에서 최종 승리를 거둘 조짐이 엿보인다.

동물의 문화 행동 중에서 밈이 이끄는 행동을 대변하는 사례가 발견된다면, 우리는 밈이 인간의 뇌와 어느 정도 결속되어 있는 새로운 것이라는 개념을 포기해야 한다. 그것은 그 뒤에 이어질 과학의 방향을 급격히 바꿀 것이다. 도킨스는《이기적인 유전자》의 끝 부분에서 밈의 잠재력을 이렇게 추정하고 있다.

> 나는 이 행성에 최근에 새로운 유형의 복제인자가 탄생했다고 생각한다. 그것은 우리를 빤히 응시하고 있다. 그것은 아직 유아기에 있으며, 아직 원시 수프 속을 모양새 없이 떠다니고 있지만, 이미 기존의 유전자가 저 뒤에서 지쳐 헐떡거리는 모습으로 있을 만큼 빠른 진화를 이루었다.

밈이 이 인용문이 의미하는 힘을 지니고 있을지도 모르지만, 설령 그렇다고 해도 더 중요한 사실은 밈이 도킨스나 블랙모어 같은 사람들이 생각하는 것보다 더 오래되고 더 근본적인 것일지도 모른다는 점이다.

우리는 이미 그 퍼즐의 조각들을 끼워 맞추고 있다. 우리의 순진한 유전자와 문화 경험은 각자 행동, 특히 짝짓기 행동에 영향을 미치며, 유전적 전달과 문화적 전달 양쪽의 토대가 되는 이론이 그렇게 불명료한 것만은 아니다. 이제 이런 힘들이 상호작용을 통해 행동을 만들어내는 양상을 살펴보기로 하자.

당신이 내 반쪽인가요?

6

그러므로 우리는 모든 과학이 상호 연관되어 있으며, 각각을 별도로 연구하는 것보다 함께 연구하는 편이 훨씬 더 쉽다는 것을 믿어야 한다. 따라서 사물의 진리를 진지하게 탐구하고 싶은 사람은 과학의 특수한 한 분야를 선택해서는 안 된다. 모든 과학은 서로 결부되어 있고 상호 의존하고 있기 때문이다.

르네 데카르트, 《정신 지도의 규칙》, 1629

연구자들이 일찍부터 배우는 가혹하지만 중요한 교훈 하나는 과학적 과정이 좌절을 불러일으킬 수 있다는 것이다. 과학적 과정은 가설들을 객관적으로 검증하기 위해 지금까지 고안된 과정들 중 최고일지는 모르지만, 좌절감을 불러올 수 있다. 인간은 문제를 최소한의 단계를 거쳐 가장 빠른 방식으로 풀려는 본성을 지니고 있다. 불행히도 과학적 과정은 그런 해결책을 내놓을 수 없는 경우가 대부분이다.

내가 아들인 애런과 함께 간단한 나무 블록들로 커다란 탑을 쌓으려 할 때면, 나는 애런에게(그리고 내 자신에게도) 목표에 도달하기 위해서는 원하는 최종 결과물이 어떤 모습일지 기억해야 하며, 그 결과물을 만드는 데 쓰이는 다양한 나무 블록들의 기능을 염두에 두라고 상기시킬 필요가 있다. 우리는 각각의 나무 블록 하나하나가 정확히 무슨 기능을 하며, 각 블록들이 서로 어떻게 상호 작용을 하는지까지 정확히 알 필요는 없다. 또 블록들이 어떤 재료로 만들어졌는지는 더더욱 알 필요가 없다. 우리가 알아야 할 것은 여러 가지 모양의 블록들이 각기 어떤 기능을 하느냐이다. 그런 뒤, 오직 그런 다음에야 우리는 커다란 탑을 세울 수 있다. 과학에서 이론을 세우고 복잡한 문제를 파악할 실험을 하는 것도 결코 다르지 않다.

애런의 탑과 마찬가지로, 유전적 전달과 문화적 전달이 짝 선택 과정에서 어떻게 상호 작용을 하는지 말하려면, 유전자와 문화라는 기본 블록을 이해하는 것에서부터 시작해야 한다. 지금까지 이 힘들을 따로따로 살펴보았으므로, 이제 상호 작용 능력을 살펴볼 차례다. 그렇다고 각 과정에서 따로 배울 만한 것이 얼마 없다는 의미는 아니다. 단지 결합된 힘을 조사할 시기가 되었다는 뜻일 뿐이다.

매력적인 거피

유전자와 문화가 짝 선택 과정에서 어떻게 상호 작용을 하는지 가장 쉽게 조사할 수 있는 방법은 거피를 통하는 것이다. 그리고 앞서 살펴보았듯이, 거피 암컷들은 다른 암컷들이 어떤 수컷을 선택하느냐에 따라 크게 영향을 받는다. 그런 한편, 우리는 대다수 사람들이 상상하는 것보다 거피의 짝 선택 유전학을 훨씬 더 많이 알고 있으며, 타고난 성향도 거피 암컷이 짝을 선택할 때 주된 역할을 한다는 것도 잘 알고 있다. 따라서 거피의 짝 선택에서 문화적 전달과 유전적 전달이 각각 얼마나 기여를 하는지 실험을 통해 조사할 수도 있을 것이다.

연구실에서 거피에게서 유전자와 문화의 상호 작용을 조사하기 위해 채택할 수 있는 실험 전술들은 많이 있다. 가령 유전적 전달과 문화적 전달이 같은 방향으로 작용할 때 무슨 일이 벌

어지는지 조사할 수도 있다. 즉 암컷들이 타고난 성향을 보이도
록 한 뒤, 다른 암컷들에게 그 선택을 모방할 기회를 주는 실험
을 할 수도 있다. 하지만 암컷들이 선천적으로 선호하는 형질을
갖고 있으면서, 주위에 암컷들을 데리고 있기까지 한 수컷이 완
벽하게 매력적이라는 것은 분명해도, 그 실험은 그다지 흥미롭
지 않다. 아주 강력한 두 힘이 긍정적인 방식으로 서로 결합된
다면, 같은 방향으로 더욱더 강력한 힘이 작용하는 사례를 볼
가능성이 높다. 하지만 그런 힘들이 서로 반대 방향으로 작용하
도록 실험을 하면, 뭔가 더 흥미로운 것을 찾아낼 수 있을지 모
른다. 문화적 전달을 통해 얻은 정보가 타고난 성향과 정반대인
형질을 가진 수컷을 선택해야 한다고 암컷들에게 말하고 있다면
어떻게 될까? 트리니다드의 파리아 강에 있는 거피 암컷들은 오
렌지색깔이 많은 수컷들과 짝을 지으려는 유전적 성향을 지니고
있다. 다른 암컷들이 오렌지색이 강한 수컷보다 칙칙한 수컷을
선택한다는 문화적 정보가 이 암컷들에게 주어진다면 어떻게 될
까?

　　암컷의 짝 선택에서 유전적 단서와 사회적 단서가 상대적
으로 얼마나 중요한지 조사하기 위해, 나는 "적정titration" 실
험이라는 불릴 만한 실험을 했다. 이 실험에는 파리아 강에서
잡아온 거피들, 즉 밝은 색깔의 수컷들, 특히 선명한 오렌지색
을 지닌 수컷을 선호하는 유전적 성향을 지닌 것들을 이용했다.

적정 실험의 일부로서 암컷들에게 두 수컷을 관찰하도록 했다. 나는 수컷들을 오렌지색의 양이 12, 25, 40퍼센트 차이가 나도록 둘씩 짝을 지었다. 이런 정보만 준 채, 암컷들에게 두 수컷 중 하나를 임의로 고르도록 하자, 암컷들은 거의 대부분 오렌지색이 더 많은 수컷을 택했다.

두번째 실험에서는 약간의 조작을 가했다. 투명한 플라스틱 차단 막들을 사용해서, 관찰자 암컷에게 다른 암컷이 오렌지색이 덜한 수컷을 짝으로 선택하는 모습만을 계속 관찰하도록 했다. 여기서도 수컷들은 오렌지색이 12, 25, 40퍼센트 차이가 나도록 둘씩 짝을 지었다. 이 실험에서도 관찰 대상인 모델이 없었다면, 어떤 수컷이 승자가 될지는 뻔했다. 그렇다면 우리의 관찰자들은 다른 암컷이 칙칙한 색의 수컷을 선택하는 것을 목격한 뒤에 어떤 선택을 했을까? 이 질문에 대답하기 전에, 여기서 진화 드라마가 펼쳐진다고 생각해 보자. 유전적 성향은 오렌지색이 더 많은 수컷 쪽으로 암컷을 끌어당기지만, 사회적 단서와 다른 암컷의 선택을 모방하는 능력은 정반대 방향, 즉 칙칙한 수컷 쪽으로 암컷을 끌어당긴다.

수컷들의 오렌지색이 얼마나 다른가라는 한 가지 변수에만 의지하는 이런 진화적 줄다리기에서는 어떤 결과가 빚어질까? 수컷들의 오렌지색이 조금(12퍼센트) 또는 적당히(25퍼센트) 차이가 날 때, 암컷들은 언제나 두 수컷들 중에 더 칙칙한 쪽을

선택했다. 즉 모방 성향이 오렌지색 수컷을 선택하는 유전적 성
향을 압도했다. 하지만 수컷들의 오렌지색이 크게 차이날 때(40
퍼센트), 암컷들은 다른 암컷들의 선택을 무시하고 오렌지색이
많은 수컷을 택했다. 여기서는 유전적 성향이 모방 효과를 가린
셈이다. 대강 말하자면, 수컷의 오렌지색에 25퍼센트에서 40퍼
센트 사이의 어딘가에 역치 수준이 존재하며, 이 역치 아래에서
는 사회적 단서가 우세한 듯하다. 반면에 이 역치 이상에서는
유전적 요인이 넘을 수 없는 벽이 된다.

　암컷의 짝 선택에서 유전적 전달과 문화적 전달의 상호 작
용을 규명한 것은 이 실험이 최초였다. 어느 한 힘이 언제나 우
세한 것이 아니라, 역치 수준이 있다는 것을 발견했다는 점에서
결과는 다소 놀라웠다. 이 연구의 가장 중요한 측면은 그 실험
절차가 보편적으로 적용될 수 있다는 점이었다. 적정은 앞으로
수많은 맥락에서 그리고 수많은 종에서 사회적 및 비사회적 단
서의 상대적인 중요성을 조사하는 데 유용한 도구가 될 수 있다.
가령 비록 유전적 전달과 문화적 전달이 짝 선택에 미치는 영향
에 초점이 맞춰져 있기는 했지만, 어떤 행동에 이 힘들을 상반
된 방향으로 적용한다는 개념은 이제 설득력을 갖게 되었다. 먹
이 찾기 행동이나 공격 같은 관심 대상 행동이 타고난 성향을 갖
고 있으면서 문화적 변수들에도 영향을 받는다면, 적정 실험에
서 개발된 실험 절차들을 복잡한 행동 시나리오들을 해독하는

데에도 사용할 수 있다.

적정 실험을 끝내자 매우 칙칙한(색깔이 40퍼센트 더 적은) 수컷을 암컷들이 선호하는 수컷으로 만들 수 있는 방법이 없을까 하는 생각이 계속 떠올랐다. 나는 방금 설명한 것과 비슷한 실험을 시도했다. 다시 한 번 나는 암컷들에게 오렌지색이 40퍼센트 차이나는 수컷 둘 중에 선택을 하도록 했다. 모델이 없을 때, 암컷들은 예상대로 오렌지색이 선명한 수컷을 선호했다. 하지만 이번에는 칙칙한 수컷 가까이에 모델이 될 암컷을 한 마리가 아니라 두 마리를 연달아 보여주었다. 그것으로 차이는 충분히 극복되었고, 칙칙한 수컷을 갑자기 선명한 수컷보다 선호하는 경향이 나타났다. 이런 결과들은 유전자가 핵심 역할을 하는 체제에서도 문화적 전달이 위력을 발휘한다는 것을 강력하게 보여준다. 더 나아가 이전 실험에서 밝혀진 역치 수준도 가변적이라는 것을 암시한다.

하지만 그 밑에는 중요한 질문이 하나 잠복되어 있으며, 그 질문은 내가 이 주제를 놓고 세미나를 할 때 종종 제기되곤 했다. 수집한 모든 연구 결과들은 암컷들이 다른 암컷들의 짝 선택을 모방하는 것은 분명하지만, 그런 모방이 어떤 유형의 수컷은 매력적이고 어떤 유형은 그렇지 않다는 장기적으로 존속해 온 감정을 정말로 바꿀 정도로 영향을 미치지는 않는다는 것을 보여주었다. 가령 1번 수컷 가까이에 모델 암컷이 있으면, 그 수컷이 관찰자의 눈에 더 매력적으로 비치게 된다는 것은 분명했다. 하지만 문화적 전달을 더 엄격한 관점에서 본다면, 1번 수컷만이 아니라, 1번 수컷과 같은 형질을 지닌 다른 수컷들도 관찰자에게 더 매력적으로 보여야 할 것이다.

이런 문화적 전달 관점에서 보면, 1번 수컷과 같은 표현형을 지닌 수컷들은 모두 관찰자에게 더 매력적으로 보이게 될 것이다. 1번 수컷이 청색을 띠고 있다면, 그 1번 수컷만이 아니라, 청색을 띤 모든 수컷들이 관찰자 암컷의 눈에 더 매력적으로 비치게 된다. 즉 수컷에게 매력을 부여하는 것에 대한 관찰자의 "게슈탈트"가 모방할 기회가 생김으로써 바뀌어야 한다.

나는 장-기 고댕 및 에밀리 허드먼과 함께 우리의 거피들과 그들의 짝 선택 모방 행동이 이런 더 강력한 게슈탈트 문화적 전달 관점에 들어맞는지 알아보는 실험을 시작했다. 다른 수많은 짝 선택 모방 실험들과 마찬가지로, 실험 과정에서 통제할 요소들이 많긴 했지만, 기본 실험은 그다지 복잡하지 않았다. 우리는 파리아 강의 색깔이 선명하거나 칙칙한 수컷들을 대상으로 짝 선택 모방이 단지 모델 가까이 있던 수컷만이 아니라 모든 칙칙한 수컷을 더 매력적으로 만들 수 있는지 여부를 파악하는 실험을 고안했다. 칙칙한 수컷 가까이에 모델을 놓음으로써 그 수컷을 더 매력적으로 만들었다면, 관찰자 암컷이 자신이 관찰한 칙칙한 수컷을 좋아하게 된 것인지 뿐 아니라, 칙칙함 자체가 선호하는 형질이 된 것인지 여부도 쉽게 조사할 수 있었다.

앞서 했듯이, 모델 암컷을 칙칙한 수컷 옆에 놓아서 그 수컷을 더 매력적으로 만드는 것은 쉬웠다. 그런 다음 우리는 그 관찰자 암컷을 꺼내 새로운 칙칙한 수컷과 화려한 수컷이 들어 있는 수조 한가운데 집어넣어, 그 암컷이 어느 쪽을 선택하는지 조사했다. 그러자 관찰자가 칙칙한 수컷들 전체를 더 매력적으로 보고 있다는 결과가 나타났다. 이 결과는 짝 선택 모방이 특정한 개체가 아니라, 개체의 유형 수준에서 일어나는 문화적 전달임을 명확히 보여주는 증거이다.

세일핀몰리의 기묘한 삼각 관계

세일핀몰리도 거피처럼 흥미 있는 이야깃거리가 있는 작은 물고기이다. 그것은 유전자와 문화가 상호 작용하여 짝 선택에 영향을 미친다는 이야기이다. 그 이야기는 기초 생물학으로 시작된다. 다른 대다수 어류의 암컷들과 마찬가지로, 세일핀몰리 암컷들도 커다란 수컷과 짝짓기를 하려고 한다. 캐시 말러와 마이클 라이언은 두 수컷의 몸집이 각기 다를 때, 세일핀몰리 암컷들이 거의 언제나 큰 수컷을 선택한다는 것을 발견했다. 왜 그런 선택을 하는지는 지금도 논쟁거리이지만, 말러와 라이언은

커다란 먹이, 커다란 포식자, 커다란 짝 하는 식으로 신경계가
전체적으로 큰 대상 쪽으로 초점이 맞춰져 있기 때문일 수 있다
고 주장한다. 즉 커다란 수컷이나 작은 수컷이나 별 차이는 없
다. 단지 큰 쪽이 더 눈에 띌 뿐이라는 것이다. 말러와 라이언은
더 나아가 이런 선호를 낳는 근본 이유가 무엇이든 간에, 그 선
호가 조상 종(적어도 1만 년 전에 살았을 종)으로부터 전해 내
려왔으며, 따라서 유전적인 토대를 갖고 있을 것이라는 간접적
인 증거를 제시한다.

　케서린 위트와 마이클 라이언은 거피 실험에서 쓰인 기본
실험 절차를 사용해서, 두 수컷의 크기가 똑같을 때 암컷들이
서로의 짝 선택을 모방하는지 조사했다. 그들은 크기를 똑같이
함으로써 타고난 선호 성향의 효과를 제거했다. 즉 수컷의 크기
차이가 없으므로, 암컷이 타고난 성향에 따라 어느 한쪽을 선택
할 이유가 없어진 셈이다. 그런 다음 암컷에게 크기가 같은 두
수컷 중 하나 근처에 다른 암컷이 있는 모습을 보여주자, 암컷
이 다른 암컷의 짝 선택을 모방한다는 사실이 명확히 드러났다.
그 다음으로 위트와 라이언은 두 수컷 중 작은 쪽 근처에 모델을
놓음으로써, 타고난 선호 성향과 문화적 전달을 겨루게 했다.
거피 적정 실험에서와 마찬가지로, 문화적으로 획득된 정보는
암컷을 한 방향(즉 작은 수컷 쪽)으로 "밀어댔다". 반면 타고난
선호 성향은 암컷을 정반대 방향(큰 수컷 쪽)으로 "움직였다".

그러자 세일핀몰리 암컷이 여전히 커다란 수컷을 선호한다는 일 관적인 결과가 나타났다. 따라서 이 체계에서는 비록 문화적 전 달이 중요하긴 하지만, 암컷이 이미 지닌 타고난 성향을 이길 수는 없었다. 하지만 유전자와 문화의 이야기는 세일핀몰리에서 끝나지 않는다. 이세 새롭고 대단히 기묘한 행위자를 무대에 소 개할 차례이다. 그것은 아마존몰리(Amazon molly, *Poecilia formosa*)이다.

당신은 온갖 기묘한 삼각 관계 이야기를 다 들어보았다고 생각할지 모르겠지만, 아마존몰리와 그 친구들 이야기를 듣고 나면 생각이 달라질 것이다. 이 종은 암컷으로만 이루어져 있 다. 수컷은 한 마리도 없다. 단 한 마리도. 이 종의 개체들은 자 신의 클론을 만들어 번식한다. 즉 암컷의 알은 정자로 수정되지 않지만, 그래도 그 알들은 부화해 다음 세대의 새로운 암컷으로 자라난다. 이런 번식 방법은 사람들이 생각하는 것 이상으로 동 물 세계에 흔하다.

아마존몰리가 특히 흥미를 끄는 것은 수컷이 한 마리도 없 을 뿐 아니라, "자성발생gynogenetic"을 한다는 점이다. 이 말 은 난자가 정자를 통해 수정되지 않는데도, 암컷들은 다른 종의 수컷들과 짝짓기를 해서 정자를 얻어야 한다는 의미이다! 그 불 행한 수컷들은 세일핀몰리이다. 세일핀몰리 수컷의 정자는 아마 존몰리 암컷의 난자와 절대 수정되지 않지만, 난자를 자극해 발생시키는 역할을 한다. 세일핀몰리의 정자가 난자의 발생을 촉발시키고 나면, 아마존몰리 암컷은 그 정자들을 내버린다. 즉 그 정자들은 다음 세대에 기여하지 못한다.

따라서 아마존몰리와 짝짓기를 할 때 방출된 세일핀몰리 정자는 낭비되는 셈이다. 그것들은 난자를 수정시키지 못하므로, 진화적으로 종착점에 다다른다. 그렇다면 자연선택이 세일핀몰리 수컷과 아마존몰리 암컷의 짝짓기를 오래 전에 중단시키지 않은 이유는 무엇일까? 자연선택이 유전자의 낭비를 선호하지 않는다는 것은 분명하다. 잉고 슐럽, 캐시 말러, 마이클 라이언은 이 역설의 해답이 짝 모방에 있다는 것을 발견했다.

세일핀몰리 수컷이 아마존몰리 암컷과 수정이 이루어지지 않는 짝짓기를 하는 것이 완전히 시간 낭비는 아니라는 것이 드러났다. 이런 시도가 공염불만은 아닌 이유는 그런 짝짓기를 할 때 종종 멀리서 세일핀몰리 암컷이 지켜보고 있기 때문이다. 앞서 말한 것처럼, 세일핀몰리 암컷은 다른 암컷과 짝짓기를 하는 수컷에게 매력을 느끼고 그 수컷을 찾아간다. 그 수컷의 짝짓기 상대가 다른 종의 암컷이라고 해도 상관이 없다. 따라서 세일핀몰리 암컷의 짝 선택 모방은 자기 종의 짝 선택에만 영향을 미치는 것이 아니라, 이런 기묘한 삼각 관계를 유지하는 접착제 역할도 하는 듯하다.

고래의 문화

정확히 왜 그런지는 모르겠지만, 사람들은 고래에게 많은 것을 기대한다. 물론 고래는 세계에서 가장 큰 포유동물이며, 따라서 가장 큰 뇌를 갖고 있다. 하지만 고래가 어떻게 무엇을 생각하는지는 잘 모른다. 몸집과 지능이 어떤 관계에 있는지는 여전히 논란거리이며, 우리가 밝혀낸 사실들이 보여주는 것이 한 가지 있다면, 그것은 극히 단순한 동물들도 매우 복잡한 행동을 할 수 있다는 점이다. 커다란 뇌가 반드시 지능을 의미하는 것은 아니다. 따라서 고래가 각자 독특한 개성을 지니고 있는 듯이 보이기 때문에 영리하다는 것은 모비딕 콤플렉스이다. 그것이 사실이라는 것은 분명하지만, 나는 고래가 내 매혹적인 거피보다 더 독특한 개성을 지니고 있다고는 생각하지 않는다.

고래에 관한 지식 중 많은 부분이 일화와 의인화(인간의 감정을 인간 이외의 대상에게 옮기는 것)에 토대를 둔 것이긴 하지만, 현재는 문화가 고래의 삶에서 큰 역할을 한다는 좋은 증거가 있다. 그것은 고래의 유전자와 새롭고 흥미로운 방식으로 상호 작용하는 역할이다.

핼 화이트헤드는 수학 모델을 연구하고 있지 않을 때면(그리고 아마 수학 모델을 붙들고 씨름하고 있는 동안에도), 배를 타고 바다로 나가 둥근머리돌고래, 향유고래, 범고래를 연구한

179

다. 이런 고래 종들의 공통점이 두 가지 있는데, 하나는 암컷들
끼리 무리를 지어 산다는 점이며, 다른 하나는 기존 무리가 갈
라져 새로운 무리가 생기는 경향을 보인다는 점이다. 그런 사회
구조를 전문 용어로 모계 사회라고 한다. 이런 고래들에서는 모
계 사회를 정의하는 행동 특징들 외에 유전적 상관 관계도 나타
난다. 모계 고래 종들은 다른 고래 종들보다 유전적 다양성이
훨씬 적다.

화이트헤드는 다른 연구자들의 자료를 취합해본 결과, 모
계 고래 종의 DNA가 다른 고래 종들에 비해 다양성이 10분의 1
에 불과하다는 것을 발견했다. 특히 흥미로운 점은 미토콘드리
아 DNA(mtDNA)만 그렇다는 점이다. 세포핵의 DNA는 어머
니와 아버지 양쪽에서 물려받지만, mtDNA는 오직 어머니에게
서만 물려받는다. 당연히 화이트헤드는 mtDNA가 어머니를 통
해 유전된다는 사실과 그것이 모계 종에서 다양성이 최소로 나
타난다는 사실 사이에 어떤 연관성이 있는지 알고 싶어졌다. 그
는 유전자와 문화적 전달 사이에 예기치 않은 흥미로운 상호 작
용이 일어난다는 것을 발견했다.

고래에게서 유전자와 문화가 어떻게 상호 작용을 하는지
이해하려면, 집단유전학의 기본 개념 하나를 먼저 살펴볼 필요
가 있다. 그것은 "히치하이킹" 유전자라는 개념이다. 히치하이
킹이 무엇인지 이해하는 가장 쉬운 방법은 두 유전자를 상상하

는 것이다. 두 유전자를 1번과 2번이라고 하자. 각 유전자에는 두 가지 변이 형태가 있다고 하자. 즉 1a, 1b, 2a, 2b 총 네 가지 변이가 있는 셈이다. 이제 1a가 있으면 옆에서 2a를 찾을 수 있고, 1b가 있으면 2b를 찾을 수 있는 식으로, 두 유전자가 연관되어 있다고 가정하자. 즉 1번 유전자와 2번 유전자의 운명이 서로 얽혀 있는 상황을 상정하는 것이다. 1번 유전자에 어떤 일이 벌어지면 2번 유전자에도 영향이 미치며, 그 역도 마찬가지이다.

히치하이킹 유전자를 이해하기 위해, 2a가 2b보다 훨씬 더 낫다고 가정해 보자. 그러면 자연선택이 2a의 비율을 증가시킬 것은 분명하다. 반면에 1a와 1b가 중립이라면, 자연선택은 어느 쪽도 선호하지 않는 것일까? 대개 이런 상황은 우리가 관찰하는 변이 형태(1a나 1b)가 우연히 결정된다는 말로 옮길 수 있다. 두 변이 형태가 어떤 문제를 해결하는 능력이 똑같다면, 우연히 1a가 나타날 수도 있고 우연히 1b가 눈에 보일 수도 있다. 하지만 여기서 히치하이킹이 이루어진다면, 전혀 다른 상황이 나타난다. 1a와 1b가 중립이라고 해도, 1a가 2a와 연관되어 있다고 하면, 우리는 2a가 자연선택을 받아 빈도가 증가하고 있으므로, 거의 언제나 1a가 눈에 띌 것이라고 예상할 수 있다. 따라서 1a는 2a에게 히치하이킹을 함으로써 빈도가 증가한다.

이제 고래 이야기로 돌아가자. 화이트헤드는 모계 종에서 나타나는 낮은 유전자 다양성을 이해하기 위해 새로운 유형의 히치하이킹을 도입했다. 그는 두 유전자가 연관되었다고 가정하는 대신, mtDNA 변이 형태들이 모계 고래 종에서 문화 형질들과 연관되어 있다고 주장했다. 우리는 문화적 전달이 고래 사회에서 중요한 역할을 한다는 것을 알고 있다. 어린 암컷들은 나이든 암컷들과 대부분의 시간을 함께 생활하기 때문에, 그런 친척들로부터 많은 것을 배운다. 예를 들어, 문화적 전달은 먹이 찾기 행동뿐 아니라, 고래들 사이에서 음성 의사 소통에 사용되는 독특한 "대화법"에서도 중요한 역할을 하는 듯하다. 새의 노래 학습을 생각해 보면, 이 대화법이 짝 선택(그리고 짝짓기)에 중요한 의미가 있다는 것을 쉽게 상상할 수 있다. 이제 고래에서 문화적으로 획득된 한 형질의 한 가지 변이 형태가 다른 변이 형태보다 낫다고 가정하자. 그러면 우리는 설령 문화적으로 전달되는 것이라 해도, 그 나은 변이 형태의 빈도가 증가한다고 예상할 수 있다. 처음에 문화적 변이 형태들이 많이 있었다고 해도, 결국은 다양성이 줄어들어 한 가지 형태가 남을 것이다.

화이트헤드는 mtDNA 변이 형태가 어떤 식으로든 문화적 변이 형태와 연관되어 있다고 가정한다. mtDNA 변이 형태들이 화이트헤드의 모델에서 가정하고 있는 것처럼 중립이라면, 문화적 변이 형태들의 다양성이 줄어들 때 mtDNA의 다양성도 따라서 줄어들 것이다. 히치하이킹의 결과, 문화적 변이의 감소가 mtDNA의 다양성 감소로 이어지고, 우리는 유전자와 문화의 상호 작용을 보게 된다.

화이트헤드의 발견이 혁신적인 것이라는 말을 해야 하겠다. 현재 분자생물학 분야에서는 많은 연구실에서 mtDNA를 연구하고 있으며, mtDNA가 인류 진화의 "이브" 가설에서 핵심적인 자리를 차지할 정도가 되어 있다. 이브 가설은 인류가 약 20만 년 전에 살았던 한 여성의 후손이라고 주장한다. mtDNA는 이브에 관한 모든 연구뿐 아니라, 인류 진화에서부터 의학적 문제에 이르기까지 많은 연구들의 밑바탕을 이루고 있다. 화이트헤드의 연구가 있기 전까지는 아무도 mtDNA 진화가 문화적 진화와 연관되어 있다는 개념을 생각해 본 적이 없었다.

유전자를 위해 노래하라

피터 그랜트와 로즈메리 그랜트는 갈라파고스 제도를 본거지로 삼고, 찰스 다윈을 지적 스승으로 삼고 있다. 여행자들에게 바가지를 씌우곤 하는 그 작고 황량한 갈색 섬들에서 해마다 일정 기간씩 20년 넘게 모험을 하면서, 그들은 동료 수십 명과 함께 그곳에 사는 다양한 핀치 종들의 삶의 거의 모든 측면에 관한 자료들을 모아 왔다. 그들의 장기 연구는 이미 행동생태학의 이정표가 되어 있으며, 생리학에서부터 행동에 이르기까지 모든 것을 조사함으로써 진화적 사유의 힘을 눈으로 보여주고 있다.

그랜트 부부가 다루어 온 수많은 문제들 중에 문화적 전달이 핀치의 노래 진화에 어떤 역할을 하는지 다룬 것도 있다. 앞 장에서 살펴보았듯이, 문화적 전달은 새의 노래 진화에서 핵심적인 역할을 하지만, 늘 그렇듯이 그랜트 부부는 갈라파고스의 핀치들에게 이 전달이 이루어질 때 새로운 양식이 섞여드는 것을 발견해 왔다. 갈라파고스 핀치들에게 문화적 전달은 노래의 토대가 될 뿐 아니라, 이 새들이 처해 있는 번식적 격리라는 유전적 상황과 새로운 방식으로 상호 작용을 한다.

대프니 메이저 섬에는 땅핀치(*Geospiza fortis*)와 선인장 핀치(*Geospiza scadens*)가 살고 있다. 아마 갈라파고스 제도에 사는 모든 핀치들은 약 3백만 년 전 하나의 공통 조상에서 갈라져 나온 듯하다. 이들의 모습이 서로 매우 다르다는 것은 놀라운 일이 아니다. 놀라운 것은 그들이 서로 다른 종이라고 여겨지고 있음에도, 종간 교배 사례들이 많이 관찰되어 있다는 점이다. 그러나 이런 종간 교배에도 불구하고, 각 종의 정체성은 그대로 유지되고 있다. 어떻게 이런 일이 가능할까?

종간 교배를 가로막는 장벽이 없는데, 많은 핀치 종들이 한 종으로 융합되지 않는 이유는 무엇일까? 종간 교배를 가로막는 뚜렷한 장벽이 전혀 없을 때는 대개 그런 유전자 혼합을 통해 생긴 자손이 열등한 형질을 갖고 있을 때가 흔하기 마련이다. 그런데 땅핀치와 선인장핀치는 그렇지 않은데도 두 종으로 남아 있기에 더욱 당혹스럽다.

그랜트 부부는 땅핀치와 선인장 핀치 사이에 종간 교배가 가능하며 잡종 자손에게 별 다른 문제가 있는 것도 아닌데 종간 잡종이 흔하지 않은 이유를 설명하는 데 노래의 문화적 전달이 어느 정도 도움이 된다는 것을 발견했다. 그들은 이 두 종이 다음 세대로 전달하는 노래가 서로 전혀 다르다는 것을 알았다. 선인장핀치는 땅핀치보다 더 짧은 곡조를 더 많이 되풀이한다. 이런 차이는 종간 유전자 흐름에 극적인 영향을 미친다. 암컷 483마리를 조사한 결과 대다수(95퍼센트 이상)는 자기 종의 노래를 부르는 수컷과 짝짓기를 하는 것으로 드러났다. 노래의 문화적 전달을 통해 암컷들은 자기 종의 수컷을 인식할 수 있게 되고, 그럼으로써 잡종 자손의 형성을 차단하는 장벽이 생기는 것이다.

그 규칙에 어긋나는 예외적인 사례들은 이런 생각을 입증하는 증거가 된다. 이런 증거들은 그랜트 부부의 노래와 유전자 흐름이 관련되어 있다는 주장이 옳다는 것을 보여준다. 대프니에서 20년 동안 연구하면서, 그들은 한 종의 수컷이 다른 종의 노래를 부르는 사례를 11건 발견했다. 한 젊은 수컷은 다른 종에 속한 매우 공격적인 수컷에 이웃해 살았는데, 특이하게도 그 이웃의 노래를 배웠다. 그런 사례들에서는 종간 교배가 이루어짐으로써 잡종이 태어난다. 정상적인 문화적 전달 양상이 사라지자, 종간 교배를 가로막던 장벽도 사라진 것이다.

그랜트 부부는 문화적 전달과 유전적 전달이 어떻게 작용하는지 다른 사례들도 찾아보았다. 새의 노래와 유전자 흐름 연구에만 그칠 이유가 없었다. 그들은 진화생물학에서 또 하나의 중요한 유전적 현안인 근친 교배를 연구했다. 그들은 문화적 전달이 유전적 전달과 예기치 않은 새로운 방식으로 상호 작용을 한다는 것을 다시 한 번 보여주었다. 대개 친족간의 교배(근친 교배)는 자연선택에 반하는 경향을 보인다. 근본적인 이유는 그런 짝짓기를 통해 생긴 자손이 "열성" 유전자를 쌍으로 지닐 가능성이 훨씬 더 높아 치명적인 질병에 걸릴 확률이 높아지기 때문이다. 그랜트 부부는 땅핀치가 근친 교배가 빚어낼 부정적인 유전적 결과를 어떻게 피하는지 조사했다. 그 해답은 노래의 문화적 전달에 있다는 것이 드러났다.

동물들이 친족을 인식하고 친족들과 짝짓기를 피하는 데 사용할 수 있는 단서들은 많이 있다. 그랜트 부부는 땅핀치의 수컷이 아버지 및 친할아버지의 노래와 매우 흡사한 노래를 부른다는 것을 발견했다. 수컷의 노래는 그가 어떤 유산을 물려받았는지를 말해준다. 암컷은 수컷의 이런 혈통 정보를 이용해 누구와 짝을 지을 것인지 판단하며, 그것을 근친 교배를 피하는 데에도 활용한다. 땅핀치 암컷들은 자기 아버지의 노래와 비슷한 노래를 부르는 수컷들과는 짝짓기를 하지 않으려 한다. 따라서 여기서도 노래 학습을 통한 문화적 전달이 매우 독특하고 흥미로운 방식으로 유전적 전달과 상호 작용을 한다는 사실이 드러난다.

유전자와 문화의 상호 작용을 보여주는 그런 멋진 사례들이 진화의 상징인 찰스 다윈을 유명하게 만들어준 바로 그 제도에서 나왔다는 사실은 어딘가 직관적인 호소력을 지니고 있다. 그랜트 부부의 핀치 노래와 유전자 연구는 다윈이 옳다는 것을 보여준다.

조금씩 위로

현재 짝 선택을 진화적으로나 심리적으로 다루는 연구 분야에서는 "요동성 비대칭fluctuating asymmetry" 개념이 인기를 끌고 있다. 요동성 비대칭은 개체의 전반적인 건강과 체력을 나타내는 지표로 쓰일 수 있는 일반 형질들을 장기적으로 탐구한 끝에 나온 결과이다. 개체가 짝 후보자들의 건강이나 질병 저항성 같은 기본 유전적 자질을 결정하는 데 사용할 수 있는 단순한 단서들이 있다고 해도 놀랄 일은 아닐 것이다. 요동성 비대칭이 바로 그런 단서일지 모른다.

진화생물학자들은 이른바 "발달 안정성", 곧 생물이 자라면서 변화하는 환경을 얼마나 잘 다루는가를 조사함으로써 생물의 건강과 활력을 평가할 척도를 찾고자 했다. 여기서 기본 전제는 변화하는 환경을 잘 다룰 수 있는 생물이 자연선택의 선호를 받는 개체가 될 수도 있다는 것이다. 개체들이 발달하는 과정에서 직면하는 변화하는(때로는 적대적인) 조건들에 대처하는 성향이 각기 다르다고 가정해 보자. 누가 잘하고 누가 못하는지 어떻게 알 수 있을까? 신체의 대칭성이 한 가지 척도가 될지 모른다.

대칭성은 생물의 왼쪽과 오른쪽이 비슷한지를 말해주는 척도이다. 당신의 오른쪽 팔과 왼쪽 팔의 길이가 정확히 같다면, 당신의 팔은 완벽한 대칭을 이룬다고 할 수 있다. 대칭을 측정하는 한 가지 방법은 오른쪽 팔 길이에서 왼쪽 팔 길이를 빼는 것이다. 완벽한 대칭이라면 숫자는 영이 될 것이고, 영보다 크거나 작은 숫자가 나오면 비대칭이 있다는 의미가 된다. 다른 사람들이 당신의 특정 형질이 얼마나 비대칭인지 평가할 수 있다면, 그들은 짝을 정할 때 그 정보를 활용할 수 있을 것이며, 대칭성이 발달 안정성을 나타내는 좋은 척도라고 한다면, 그것은 자연선택이 선호하는 것이라는 단서가 된다.

요동성 비대칭에서 "요동성"은 영이라는 숫자에서 벗어나면 나쁘다는 사실을 말한다. 우리가 든 예에서는 당신의 양쪽 팔 길이가 같지 않다는 것이 중요할 뿐, 어느 쪽 팔이 더 긴지 여부는 중요하지 않다. 그리고 진화 시간 동안 낮은 점수나 높은 점수가 얼마나 요동치는가가 기댓값이 된다.

개체들 사이의 대칭성 차이는 개체들의 자질에 차이가 있다는 것을 간접적으로 보여준다. 그런 논리에 따르면, 어떤 형질에서 대칭성을 보이는 짝을 선택하는 개체들은 사실상 유전적 자질이 전반적으로 높은 개체를 짝을 선택하는 것이 된다. 안데르스 뮐레르와 랜드 손힐은 이런 관점에서 과일파리에서부터 오리, 인간에 이르기까지 42종의 요동성 비대칭을 폭넓게 검토한 바 있다. "일반적으로 종들을 가릴 것 없이, 비대칭과 성적 경쟁에서의 성공 사이에는 생물학적으로 상당한 음의 상관 관계가 있을 것이라고 예측되어 왔다." 이런 매우 포괄적이고 매우 중요할 수 있는 명제가 옳은 것인지 검증하기 위해, 뮐레르와 손힐은 통계 기법인 메타 분석을 사용했다.

메타 분석은 실험을 하거나 그 주제를 다룬 논문을 쓰는 대신, 수많은 연구들이 내놓은 결과들을 취합해서 새로 개발된 통계 분석을 활용해 그런 연구들을 관통하는 바탕이 될 만한 경향이 있는지 여부를 조사하는 것이다. 물론 메타 분석은 각 연구에 담긴 힘겨운 작업과 상세한 사항을 뭉뚱그려 놓지만, 대규모의 추세를 밝혀내는 능력이 이런 손실을 보상하고 남는다. 이 접근 방식을 옹호하는 사람들도 그 점을 강조한다.

뮐레르와 손힐은 요동성 비대칭을 연구한 162건의 자료를 메타 분석했다. 이런 연구들은 조사하는 형질이나 조사 방법 측면에서 매우 다양했다. 연구실에서 한 연구도 있었고, 야외에서 한 연구도 있었다. 얼굴의 비대칭 같은 특정 형질의 비대칭을 조사한 연구도 있었고, 다양한 형질들의 비대칭을 측정한 연구도 있었다. 손힐과 뮐레르는 이런 중구난방인 자료들을 이용해, 대칭성과 관련이 있는 근본적인 양상들을 탐색했다. 그들은 밑바탕이 되는 흐름을 세 가지 발견했다.

대칭성이 높은 것이 짝짓기 성공률이 높다는 말로 옮겨질 수 있다는 그들의 주된 예측을 토대로 했을 때, 결과는 명확했다. 대칭성과 매력 사이에는 명확하고 강력한 상관 관계가 있으며, 예측과 정확히 들어맞는다. 대부분 대칭성이 더 높은 개체들이 짝으로 더 자주 선택되었다. 둘째, 뮐레르와 손힐은 짝 선택이라는 맥락 속에서 진화한 형질들의 대칭성이 그렇지 않은 형질들의 대칭성보다 매력과의 상관 관계가 더 강하다는 것을 발견했다. 마지막으로, 인간에게서는 얼굴의 대칭성이 매력과 가장 강력하게 연관된 형질인 듯했다.

뮐레르와 손힐은 대칭성의 다른 두 측면을 강조하고 있는데, 그것들은 우리의 목적과 관련이 있다. 첫째, 개체가 드러내는 대칭의 정도가 유전적 요소를 지니고 있다는 증거가 있다.

이런 유전적 특성 외에, 가장 대칭성을 지닌 짝을 선택하면 상당한 혜택이 주어지는 듯하다. 예를 들어 대칭적인 수컷을 선택한 암컷은 기생 생물에 더 저항성을 지니게 되고, 더 건강한 자손을 더 많이 낳는 경향을 보인다.

대칭성의 차이가 유전될 수 있으며, 대칭적인 개체들이 더 매력적이며, 개체들이 대칭적인 상대를 짝으로 선택함으로써 많은 것을 얻는다는 점을 토대로 삼아, 우리는 유전적 전달과 문화적 전달의 상호 작용이 짝 선택에 어떻게 영향을 미치는지 더 상세히 규명해줄 실험을 몇 가지 해볼 수 있다. 그러면 대칭성을 유전 형질로 간주하여, 문화적 요소가 잘 드러나 있는 두 체제에서 그것이 어떻게 상호 작용을 하는지 살펴보기로 하자. 새와 인간의 짝 선택 모방 체제가 그것이다. 먼저 새를 살펴보기로 하자.

야코브 회글룬드 연구진이 밝혀낸 멧닭의 짝 선택 모방 사례를 통해 문화적 전달과 짝 선택을 살펴보기로 하자. 회글룬드는 수컷의 영토에 암컷 박제를 갖다놓는 정교한 실험을 통해, 접근하는 암컷의 눈에 그런 수컷이 훨씬 더 매력적으로 보이게 된다는 것을 보여주었다. 이런 문화적 전달이 멧닭의 요동성 비대칭 같은 유전적 요인들과 어떻게 상호 작용을 한다는 것일까? 이 질문에 대답하기 위해, 멧닭의 짝짓기 경연장을 떠올려 보자. 이곳에서는 한 수컷이 그 경연장에서 이루어지는 총 교미 횟수의 80퍼센트를 독차지할 때가 흔하다. 경연장에서 수컷의 "영토"가 있는 위치도 암컷이 어느 수컷이 행운의 수컷이 될지 결정할 때 단서가 된다. 수컷들이 몰려들어 서로의 영토가 좁은 경연장의 중앙에 영토를 가진 수컷들은 짝짓기 기회를 과도하게 많이 가질 가능성이 훨씬 더 높다.

영토의 위치가 수컷의 짝짓기 성공률에 그렇게 중요하다는 점을 생각해 보면, 회글룬드 연구진이 몹시 탐나는 중앙 영토를 차지할 수 있었던 수컷이 어떤 특징을 지니고 있는지 알아내려 시도해 왔다는 것도 놀랄 일은 아니다. 중앙을 차지하기 위한 경쟁에서 중요한 역할을 하는 요인들은 무수히 많으며, 신체 대칭이 그 중 많은 요인들의 밑바탕을 이루고 있는 것은 분명해 보인다. 중앙 영토를 차지한 수컷들은 실제로 경연장의 변두리에 있는 수컷들보다 더 대칭적이며, 이것은 번식 성공률이 더 높다는 말로 번역된다. 더 대칭적인 수컷들(경연장의 중앙에 있는 수컷들)이 테스토스테론 농도가 더 높다는 점을 볼 때, 대칭성은 수컷의 유전적 자질을 보여주는 아주 좋은 단서인 듯하다.

따라서 렉의 중앙에 있는 수컷들은 더 대칭적이며, 암컷들은 그런 수컷을 선호한다(타당한 이유가 있다). 여기에 짝 선택 모방이라는 문화적 전달이 겹쳐진다. 이런 힘들이 어떻게 상호 작용을 해 짝 선택에 영향을 미치는지 조사하기 위해, 나는 두 가지 실험을 제안한다. 첫째는 한눈에 보이는 커다란 새장에서 쉽게 할 수 있는 통제된 실험이다. 먼저 멧닭들이 경연장을 만들도록 한다. 그런 다음 경연장 근처에 암컷을 한 마리씩 갖다 놓으면서 암컷들이 누구를 짝으로 선택하는지 기록한다. 나는 이 경우에는 중앙에 있는 수컷들 중 하나가 가장 많이 짝짓기를 할 것이라고 예상할 수 있다. 논의를 위해서, 암컷 20마리로 이런 실험을 했을 때, A라는 수컷이 총 교미 횟수 중 50퍼센트를 독차지했다고 하자. 그런 다음 다시 비슷한 실험을 한다. 이번에는 암컷을 둘씩 놓는다. 한 암컷이 선택을 하는 사이에 다른 암컷은 지켜보도록 한다. 그런 다음 관찰자 암컷에게 선택을 하도록 한다. 이제 A라는 암컷이 짝짓기 총 횟수의 90퍼센트를 차지했다고 하자. 두 실험에서의 차이(90퍼센트 대 50퍼센트)는 자연과 비슷한 환경에서 문화적 전달과 유전적 전달의 상대적인 크기가 얼마나 되는지 말해준다. 이 사례에서는 두 힘이 비슷할 때, 문화적 전달이 수컷의 짝짓기 성공률을 거의 두 배로 늘리고 있다.

멧닭의 짝짓기에서 유전자와 문화의 상호 작용을 조사하기 위한 두번째 가상 실험은 거피 적정 실험과 비슷해 보인다. 여기서는 회글룬드 연구진이 했던 식으로 박제한 멧닭 암컷을 적절하게 활용할 것이다. 다른 점은 회글룬드 연구진이 박제를 수컷 영토에 무작위로 갖다 놓은 반면, 이 실험에서는 무작위로 놓지 않는다는 것이다. 여기서는 짝짓기 경연장의 중심이 아닌

곳에 있는 수컷들의 영토에 암컷 박제들을 놓는다. 그러면 암컷들이 중앙에 있는 수컷들을 선택하면 전처럼 모든 유전적 혜택을 누릴 수 있겠지만, 문화적 단서들은 암컷을 그런 수컷에게서 "밀어낼" 것이다. 그러면 첫번째 멧닭 실험과 마찬가지로, 경연장의 변두리에 있는 수컷이 영토에 박제 암컷이 있고 없음에 따라 번식 성공률이 얼마나 달라지는지 측정할 수 있고, 그 자료는 문화적 전달이 상태가 안 좋았을 수컷을 어느 정도 도울 수 있을지 감을 잡도록 해준다.

이제 인간의 짝 선택 모방과 대칭성을 살펴보기로 하자. 인간의 짝 선택에서 요동성 대칭의 힘을 다룬 논문들은 동물의 사례와 마찬가지로 확신을 심어준다. 비록 인간에게서 대칭성이 유전된다는 것을 직접적으로 보여준 실험들이 없다는 것도 사실이지만, 모든 증거들은 인간 이외의 동물들에게서처럼 인간에게서도 대칭성이 유전될 수 있다는 것을 암시하고 있다. 게다가 대형 동물을 다룬 문헌들을 조사해서 유전될 수 있다고 나온 형질이 인간에게서는 유전되지 않는다고 믿을 만한 선험적인 이유도 전혀 없다. 인간의 형질들 중에 유전되지 않는 것이 많다는 것도 분명하지만, 그런 형질들은 동물과 공유하는 형질이 아니라, 우리를 동물과 구별해주는 형질인 경우가 많다.

개체가 더 대칭적인 상대를 짝으로 선호한다는 것을 보여준 뮐레르와 손힐의 메타 분석에는 인간의 대칭성과 짝 선택을 연구한 사례 40건도 포함되어 있다. 분석 결과는 우리 종에서도 이 양상이 나타난다는 것을 뚜렷이 보여준다. 게다가 다른 연구들은 인간의 짝 선호도가 전 세계에서 사실상 매우 일관적이라는 것을 보여주며, 대칭성이 인간의 짝 선택에서 중요한 역할을 한다는 것을 보여주는 강력한 사례를 내놓을 수도 있다. 사실 인간을 대상으로 대칭성이 짝 선택에서 얼마나 중요한가를 다룬 흥미로운 연구가 하나 있다.

1998년 스티브 갱어스태드와 랜디 손힐은 이런 의문을 품었다. 여성의 대칭 의존도가 생리 주기에 따라 변하지 않을까? 그들의 가설은 직설적이었다. 즉 대칭이 남성을 평가하는 방식으로서 중요하다면, 여성이 배란기일 때 대칭에 훨씬 더 예민해져야 한다는 것이다. 이 가설을 검증하기 위해, 갱어스태드와 손힐은 여성들에게 남성들이 입었던 티셔츠를 주고 냄새를 맡아보게 했다. 그러자 믿어지지 않게 여성들은 남성이 뿜어내는 냄새만을 맡고서도 남성의 대칭성을 꽤 정확히 추측할 수 있었다. 왜 그런지는 아직 밝혀지지 않고 있지만(앞서 논의한 MHC와 냄새 이야기로 돌아가는 듯해도), 티셔츠 자체는 적절한 실험 도구인 셈이다.

갱어스태드와 손힐은 41명의 여대생에게 남성들이 이틀 동안 입고 있었던 "냄새나는" 티셔츠를 나눠주었다. 그런 다음 여성들에게 티셔츠의 냄새를 토대로 각 남성의 매력을 평가하라고

했다. 또 갱어스태드와 손힐은 티셔츠를 입었던 남성들의 대칭
성을 측정하고 여성들에게 정상적인 배란 주기의 각기 다른 시
기에 티셔츠 냄새를 맡게 한 뒤 반응을 평가했다. 여성들은 가
장 가임 능력이 강할 때(즉, 임신이 일어날 가능성이 가장 높은
시기에) 대칭적인 남성들의 티셔츠를 더 강하게 선호한다는 것
을 뚜렷이 보여주었다. 또 다른 연구도 남녀 모두 더 대칭적인
사람을 더 매력적이고, 우세하고, 더 성적 매력이 있고, 더 건
강하다고 본다는 것을 밝혀냈다.

최근에 제프리 심프슨 연구진은 대칭적인 남성과 비대칭적
인 남성들이 여성을 놓고 경쟁할 때 행동에 차이가 있다는 것을
발견했다. 개인들이 대칭적인 짝을 선호한다는 사실이 이 연구
결과를 설명하는 데 도움이 될지도 모른다. 심프슨 연구진은 다
음과 같은 시나리오를 짰다. 한 매력적인 여성에게 두 남성을
만나도록 한다. 그녀는 데이트할 의사가 있음을 보여주고 두 남
성이 서로 경쟁 상대임을 알려준다. 그런 다음 그 남성들에게
자신과 경쟁자가 보는 가운데 비디오 카메라 앞에 서서 자신이
사실상 더 나은 데이트 상대임을 설명하라고 한다. 그러자 대칭
적인 남성들이 비대칭적인 남성들보다 더 공격적인 전술을 쓰고
자신과 경쟁자를 직접 비교하려 한다는 것이 드러났다. 아마 대
칭적인 남성들이 비대칭적인 동료들보다 데이트 경쟁에서 더 많
은 성공을 거둔 바 있고, 따라서 남과 자신을 직접 비교하면 자

신이 더 매력적으로 보이리라는 것을 더 믿고 있기 때문인 듯하다. 아무튼 여성은 대칭적인 남성을 좋아하며, 이것은 마찬가지로 남성의 성 전략에도 영향을 미치는 듯하다.

인간은 대칭적인 상대를 선호할 뿐 아니라, 인간 이외의 동물이 그랬듯이 인간도 대칭적인 개체를 선택함으로써 큰 혜택을 얻을 수 있을지 모른다. 직접적인 증거 하나와 간접적인 증거 둘이 그렇다는 것을 암시하고 있다. 직접적인 증거는 대칭적인 개인들이 질병과 독소와 감염, 정신분열증, 조산, 다운증후군 같은 의학적 문제들에 노출될 가능성을 줄인다는 점에 초점을 맞추고 있다. 간접적인 혜택은 대칭적인 개인들이 지능 지수가 더 높고, 여성들이 비대칭적인 상대보다 대칭적인 상대에 성 관계를 가질 때 오르가슴을 더 느낀다고 말한다는 것이다.

인간의 대칭성이 어느 정도 유전적 통제 하에 있고, 대칭적인 사람이 더 매력적이고 아마 더 건강하다고 한다면, 이런 변수의 역할을 문화적 전달과 관련지어 조사하면 어떨까? 우선 사람들이 "데이트 모방"을 한다는 것을 떠올려 보라(3장 참조). 즉 남들이 누군가를 데이트 상대로 높이 평가한다면, 그 정보를 받은 사람은 선택에 영향을 받는다. 물론 실험을 통해 조사하자, 데이트 모방이 상당히 가변적이라는 것이 드러났다. 내가 마이클 커닝햄과 듀안 룬디와 함께 한 연구가 한 예다. 우리는 조라는 남자가 데이트 상대로 좋은가라는 질문을 했을 때 여성

5명 중 0명, 1명, 5명이 그렇다고 대답했다는 이야기를 실험 대상자인 여성에게 했다. 그런 다음 그와 데이트를 할 생각이 있냐고 묻자, 다른 여성들이 데이트 상대로 좋다고 말한 남성과 데이트를 하겠다고 대답하는 여성들이 훨씬 더 많았다. 놀라운 것은 우리의 발견 결과가 아니라, 이런 연구를 한 사람이 아무도 없었다는 사실이다.

이제 실험 대상자들에게 잠재적인 데이트 상대에 관해 쓴 정보만이 아니라, 사진들을 보여준다고 하자. 우리는 컴퓨터 프로그램을 이용해 사진을 원하는 방식으로 조작할 수 있다. 실험 대상자인 여성에게 비교적 대칭적인 얼굴과 비교적 비대칭적인 얼굴이 나온 사진 두 장을 보여주면 어떻게 될까? 거기다가 다른 많은 여성들이 비대칭적인 얼굴의 남성과 기꺼이 데이트를 하겠다고 말했다는 이야기를 해주면? 그러면 우리의 실험 대상자들은 어떻게 할까? 그들은 문화적 정보를 무시한 채 대칭적인 남성을 택할까, 아니면 여성의 짝 선택을 다룬 거의 모든 연구 결과들과 정반대로 비대칭적인 남성을 택할까? 대칭성의 관점에서 얼굴들이 얼마나 다른지가 중요할까, 아니면 실험 대상자에게 비대칭적인 남성에게 관심을 갖고 있는 여성들이 몇 명이라고 한 말이 중요할까? 나는 실험 대상자들에게 다른 여성들이 비대칭적인 얼굴이 매력적이라고 생각한다(심하게 비대칭적이 아닐 때)고 믿게 한다면, 그들도 그쪽으로 선택을 할 것이라고

198

본다. 더 나아가 실험 대상자들에게 왜 그런 선택을 했는지 묻는다면, 다른 사람들이 그 사진을 골랐다는 점을 생각할 때 자신이 그 사진에서 "뭔가 놓친 것 같다"고 말할 대상자들이 많다고 예상한다. 아무튼 그 실험은 하기가 어렵지 않을 것이며, 유전적 요인과 사회적 요인의 상호 작용이 어떻게 짝 선택에 영향을 미치는지를 새롭게 조명할 수 있을지 모른다.

쌍둥이를 넘어서

유전적 전달과 문화적 전달의 상호 작용과 관련이 있는 "천성 대 양육" 논쟁을 다룬 문헌들은 무수히 많다. 연구자들이 유전적 요인과 "환경" 요인을 분리하려 애썼기 때문에 그 자료들은 대부분 일란성 쌍둥이 연구에 관한 것이다. 그 중에는 그런 요인들이 짝 선택에 어떻게 영향을 미쳤는가 하는 자료들도 있다. 가령 일란성 쌍둥이가 서로 떨어져서 자랐다면, 둘의 차이는 대부분 환경적인 것이다. 그들은 유전적으로는 똑같은 클론이기 때문이다. 하지만 환경 요인이란 본래 유전적이지 않은 모든 것을 뜻하므로, 여기서 실질적인 논의를 하기에는 너무 폭넓은 개념이다. 그것을 천성 대 양육 논쟁에서 사용되는 수많은 용어들이 제대로 정의되어 있지 않다는 사실과 결부시키자, 나

는 차라리 그런 연구를 논의에서 제외시켜야 한다고 확신하게
되었다.

　돌이켜보면, 유전적 전달과 문화적 전달이 짝 선택의 진화
에 어떻게 영향을 미치는지를 다룬 통제된 연구들이 극히 적다
는 것도 놀랄 일은 아니다. 우선 문화적 전달(그것만)과 짝 선
택을 다룬 연구가 끊임없이 늘어나고 있긴 하지만, 엄청나다고
말할 수 있는 수준이 되려면 아직 멀었다는 점을 들 수 있다. 그
런 연구의 가치가 인식된 것은 겨우 최근의 일이며, 그런 연구
들은 처음에 으레 회의적인 시선을 받곤 했다. 한 분야에서 틀
을 새롭게 짜는 중요한 개념들은 늘 처음에 당혹스러운 시선을
받게 마련이므로, 그다지 놀랄 일은 아니다.

　반면에 동전의 반대 면인 유전적 전달이 짝짓기 행동에 미
치는 영향을 연구한 결과들은 꽤 많다. 게다가 그것들은 행동의
유전학을 다룬 연구 중 극히 일부에 불과하다. 우리 목적으로
볼 때 더 중요한 점은 짝 선택의 유전학을 다룬 구체적이고 통제
된 연구들이 주로 초파리 같은 아주 작은 생물들을 대상으로 이
루어져 왔다는 사실이다. 동물은 작을수록 더 빨리 짝을 짓는
경향이 있고, 그것은 비교적 짧은 기간에 관심 있는 변수들을
대상으로 많은 세대의 자료를 모을 수 있다는 것을 의미한다.

　따라서 문제는 이런 연구들이 중요함에도 불구하고, 짝 선
택(또는 행동 전반)의 문화적 전달을 다룬 연구들이 많지 않으

며, 그런 연구를 하는 과학자들 중에서 가장 주목을 받는 쪽은 주로 영장류 같은 대형 동물 연구자들이라는 점이다. 그들이 통제된 실험을 하지 않았을 수도 있는데, 그들이 가장 주목을 받는다. 우리는 작은 동물들(작은 뇌를 가진)에서 문화적 전달이 중요할 수 있다는 것을 되풀이해서 보아 왔지만, 문화에 관심이 있는 사람들은 여전히 더 큰 동물들에 초점을 맞추고 있다. 게다가 행동의 유전학을 연구하는 사람들은 그저 그런 작은 생물들이 아니라, 진짜로 아주 작은 생물들에 초점을 맞추는 경향이 있다. 따라서 이 두 분야가 만나는 지점(즉 짝 선택의 유전적 및 문화적 연구)에서 찾아볼 수 있는 통제된 연구는 극히 적다.

따라서 유전적 전달과 문화적 전달의 상호 작용을 연구하려면, 짝 선택 행동이 양쪽에서 영향을 받는 종부터 골라야 한다. 거피 실험은 그런 다음에는 꽤 단순하고 변형하기도 쉬운 실험을 할 수 있다는 것을 보여준다. 먼저 각각의 힘을 따로따로 조사한 뒤, "적정" 실험을 통해 각 힘들의 세기를 비교할 수 있다. 거피 연구에서는 수컷의 몸 색깔 차이를 각기 다르게 하거나(유전적 측면) 얼마나 많은 암컷들이 그 수컷을 짝으로 선택하는지를 관찰자에게 보여줌으로써(문화적 측면) 비교했다. 하지만 유전자와 문화가 어떻게 상호 작용을 해 행동에 영향을 미치는지를 실험적으로 조사할 때, 그 종이 반드시 거피일 필요는 없으며, 관심 대상 행동이 반드시 짝짓기일 필요도 없다.

당신이 공격성에 관심이 있는 연구자이며, 거피의 짝 선택 연구를 알고 있다고 하자. 더 나아가 당신이 연구하는 종, 이를테면 영장류에서 공격성의 토대가 되는 유전자 중 일부가 알려져 있다고 하자. 이런 종을 잠시 연구하다가, 기묘한 현상을 본다. 당신은 남들이 싸우는 것을 본 관찰자들끼리 짝을 지었다. 관찰자들을 공격적인 개체와 복종하는 개체끼리 짝을 지었을 때 자신들이 관찰할 수 있었던 개체들과 다른 식으로 행동하는 듯 했다. 관찰자는 싸움에 지는 것을 관찰한 개체보다 싸움에 이기는 것을 본 개체와 짝을 지었을 때 훨씬 덜 공격적이 된다. 문화적 전달이 싸우는 행동을 바꾸는 것이다. 이런 정보로 무장했을 때, 우리는 거피 적정 연구와 비슷한 실험을 쉽게 할 수 있다. 그런 실험에서는 타고난 공격성의 수준이 각기 다른 개체들을 선택해, 싸움의 승패라는 폭넓은 스펙트럼에 노출시킬 수 있다. 유전적 요인들과 문화적 요인들로 온갖 가능한 조합(타고난 공격성을 지닌 개체와 승자의 결합, 타고난 복종적인 개체와 패자의 결합)을 하면, 유전자와 문화의 상호 작용을 더 깊이 이해할 수 있을 것이 분명하다.

원리상 유전적 전달과 문화적 전달의 상호 작용을 조사하는 방법은 많이 있다. 그것은 대단히 가치 있는 방법이겠지만, 우리에게 필요한 것은 이런 상호 작용 연구를 유전자와 문화의 상호 작용 방식을 조사하는 새로운 방법들에 맞게 탐구하는 더 적극적인 연구실이다. 짝짓기만이 아니라 모든 사회적 행동과 관련지어 말이다. 그런 한편으로 우리가 여기서 살펴본 연구는 유전자와 문화의 상호 작용이 어떻게 행동을 형성하는지를 진정으로 이해하는 데 많은 도움을 줄 수 있으리라는 것을 보여준다. 우리는 과거의 사람들에 비해 지금 우리가 왜 우리인지를 더 빠른 속도로 배워가고 있다.

동물 문명

7

그대로 버려 두어라. 그들은 눈먼 길잡이들이다. 소경이 소경을 인도
하면 둘 다 구렁에 빠진다.

마태복음 15 : 14

몇백 년 전, 예전 콩고 지역에 살던 사람들은 고릴라들에게 새로운 무기를 사용하는 훈련을 시켜 다아아몬드 광산을 지키는 방법을 생각해냈다. 그 고릴라들은 이런 무기들을 꽤 능숙하게 사용했고, 자신들을 훈련시킨 사람들이 모두 죽은 뒤에도 오랜 세대 동안 그 무기들을 계속 사용해 왔다. 문제는 고릴라들이 이런 무기들을 한 번도 버릴 생각을 하지 않았고, 오히려 점점 더 능숙하게 그것들을 사용하게 되었다는 점이다. 그들은 새끼들에게 사용법을 가르쳤다. 그 결과 수백 년 동안 광산을 지켜온 고릴라들은 그 광산을 재발견한 탐험가들에게 큰 위협이 되었다. 이 기묘한 이야기에서는 문화적 전달이 중요한 역할을 했다는 것이 뚜렷이 드러난다. 아무튼 고릴라를 훈련시켰다는 이야기는 오래 전에 사라졌지만, 그 고릴라들이 새로운 세대에게 무기 사용법을 가르침으로써 습득한 행동을 다음 세대로 전달했다는 것은 분명하다.

동물의 문화가 그런 기묘한 결과를 가져올 수 있을지 누가 예측할 수 있겠는가? 당신이 추측하기 어려울 것을 대비해, 마이클 크라이튼이 해답을 내놓고 있다. 위의 고릴라 이야기는 크라이튼의 소설 《콩고》에서 따온 완전히 허구이다. 하지만 우리의 관점에서 볼 때, 크라이튼의 소설은 정확하기 때문이 아니라, 설득력이 있어 보이기 때문에 시사적이다. 우리가 문화에 관해 알고 있는 것을 생각할 때, 크라이튼의 이야기는 조건만

맞으면 일어날 수 있다. 하지만 소설이 자연을 앞지르는 일은 거의 없다. 짝짓기의 세계 바같에서 벌어지는 문화적 전달을 잠시 살펴보기만 해도, 우리는 크라이튼의 소설과 맞먹을 만큼 오싹할 정도로 독창적인 동물 문화의 사례들을 많이 만날 수 있다.

고시마 섬의 이모

일본 마카쿠원숭이인 이모는 행동의 문화적 전달을 연구하는 사람들에게 특별한 지위를 차지하고 있다. 이모의 이야기는 1953년 9월 일본의 고시마 섬에서 시작된다. 당시 겨우 한 살밖에 안 된 이모는 자신의 행동 목록에 새로운 행동을 추가했다. 연구자들이 준 고구마를 근처 개울물에 씻어 먹었던 것이다. 곧 이모의 동료들과 친척들이 이 선구적인 미식가의 뒤를 이어 고구마를 씻어 먹는 기술을 배웠다. 1959년이 되자, 이모의 무리에 있는 새끼들은 대부분 어미들의 행동을 유심히 관찰했고, 그 결과 많은 새끼들이 이모와 같은 습관을 획득했다. 즉 그들은 어릴 때 고구마를 씻어 먹는 법을 배우게 되었다.

이모는 잠시 빛났다가 스러지는 별똥별이 아니었다. 네 살이 되었을 때, 이모는 자기 무리에 더 복잡한 새로운 행동을 도입함으로써 또 다른 혁신을 이루어냈다. 사람들은 고시마 섬의 원숭이들에게 고구마 외에 때때로 밀도 먹이로 주었다. 문제는 원숭이들이 먹을 밀이 대개 모래 해변에 던져지기 때문에, 모래가 뒤섞여 밀 씹는 맛이 그다지 좋지 않았다는 점이었다. 그러던 중 이모가 새로운 해결책을 내놓았다. 이모는 모래와 뒤섞인 밀을 물에 던졌다. 그러자 모래는 가라앉고 밀은 물 위에 떴다. 이모는 다시 혁신을 이루어낸 것이다! 고구마가 그랬듯이, 그녀의 무리가 이모로부터 이 손쉬운 기술을 배우는 데 필요한 것은 시간뿐이었다. 이 형질이 집단 전체에 퍼지는 데는 좀더 시간이 걸렸다. 물론 적어도 원숭이의 관점에서 볼 때, 고구마를 씻어 먹는 것보다 이 기술이 좀더 어려웠던 탓이다. 원숭이들은 자신의 손 안에 든 먹이를 다시 내놓는 데 익숙하지 않았기 때문에, 밀과 모래의 혼합물을 물에 내던지는 법을 배우기가 쉽지 않았다. 하지만 결국 이 새로운 행동 형질은 모방과 문화적 전달을 통해 집단의 많은 구성원들에게 전파되었다.

이모의 엉뚱한 행위와 그녀가 만들어낸 행동의 문화적 전달은 전 세계의 주목을 받았다. 이것은 새로 도입된 행동이 동물 집단 전체로 퍼져나간다는 것을 보여준 최초의 사례에 속했다. 게다가 영장류들은 영리하며, 그래서 동물에게서 문화의 증거를 찾아내리라는 것을 믿지 않은 사람들이 많았어도, 우리는 영리한 동물로부터 최초의 강력한 증거를 얻었다는 점에서 다소 위안을 얻을 수 있었다. 하지만 아마 마찬가지로 중요했던 것은 먹이를 씻는 그 새로운 행동이 오싹한 기분이 들 정도로 인간적인 것으로 보였다는 점일 것이다. 수십만 년 전 우리 인간의 조상들이 비슷한 방식으로 같은 형질을 배웠으리라고 쉽게 상상할 수 있을 것이다.

이모의 행동만이 사람들의 주목을 끈 것은 아니다. 현재는 비슷한 사례들이 많이 기록되어 있다. 한 예로 마이클 헬프먼은 선사 시대에 한 존재를 말살하려 시도했던 우리 인류의 조상들에 대한 거짓 향수를 자극하는 영장류 문화의 사례를 발견했다. 많은 영화들, 그리고 일부 과학자들은 선사 시대 인류의 돌 사용법에 초점을 맞추고 있다. 돌은 싸울 때 무기가 되며, 위험한 먹이를 때려눕히는 수단도 된다. 아마 돌은 제의에서도 나름대로 역할을 했을 것이다. 하지만 돌의 사용, 그리고 돌 사용법의 문화적 전달이 인류의 전유물은 아니다.

헬프먼은 교토 아와타야마 국립공원의 마카쿠원숭이를 대상으로 20년 동안 연구를 해 왔다. 연구 초기에 그는 마카쿠원숭이에게서 한 번도 기록된 적이 없던 한 행동을 관찰하기 시작했다. 그것은 원숭이들이 돌을 갖고 노는 행동이었다. 그들은 특히 먹이를 먹은 직후에 그랬다. 이 기묘한 행동은 1979년에 글랜스-6476이라는 어색한 이름이 붙은 세 살 된 암컷이 숲에서 돌들을 들고 와서 쌓았다가 다시 무너뜨리는 행동을 함으로써 시작되었다. 그뿐 아니라 글랜스-6476은 자신의 돌을 지키려는 행동을 뚜렷이 드러냈다. 다른 원숭이들이 다가오면 돌들을 치우곤 했다. 4년 뒤 다시 글랜스-6476의 무리를 찾은 헬프먼은 "돌 놀이(돌 다루기라고 불리기도 한다)를 이미 일상적으로 볼 수 있게 되었고, 연장자에게서 어린 원숭이에게로 전달되고 있었다"라고 썼다. 흥미롭게도 이 체제에서 문화적 전달은 연령 계층에서 위가 아니라 아래로 작용하는 듯하다. 글랜스-6476보다 어린 원숭이들 중에 돌 놀이 습관을 습득한 개체들도 많긴 했지만, 그녀보다 나이가 많은 원숭이들 중에 이 행동을 자신의 행동 목록에 추가한 원숭이는 없었다.

짝짓기 이외의 문화적 전달 논의를 고시마 섬과 이와타야마 국립공원의 원숭이 이야기로 시작한 것은 그들이 동물의 문화적 전달 사례 중 가장 설득력 있는 사례라서가 아니다. 이 사례들에는 다른 많은 문화적 전달 연구가 지니고 있는 통제가 빠져 있다. 하지만 먹이 씻기와 돌 놀이는 문화가 짝 선택 외에서도 강력한 힘을 발휘할 수 있다는 것을 극적으로 보여준다.

문화적 전달이 짝 선택에서만 중요한 역할을 한다면, 아마 생물학자들은 놀랄 것이다. 하지만 설령 그렇다고 해도, 그것 때문에 동물의 삶 전반에서 문화가 차지하는 역할이나, 동물 문화 연구가 인간의 사회적 진화 이해에 지닌 의미를 재검토할 필요는 없다. 사실 문화가 적이 누구인지 학습하는 것에서부터 검증되지 않은 위험한 새 먹이를 먹지 않으려 하는 것까지 모든 맥

락에서 동물의 행동을 형성하는 강력한 힘이라는 사실이 이미
드러나고 있기 때문이다.

새로운 메뉴 개발

베네트 갤러프만큼 문화적 전달의 생물학과 심리학을 통합
하는 일에 오랫동안 앞장서 온 사람은 없을 것이다. 갤러프는
지난 25년 동안 사회적 학습과 먹이 찾기에 관한 가장 흥미로운
연구를 해 왔고, 지금도 진행 중에 있다. 그가 택한 종은 쥐다.
쥐는 인간이 카리스마가 넘친다고 보는 종의 목록 속에 들어 있
지는 않지만, 동물들이 자기 식단에 무엇을 덧붙여야 하고 덧붙
이지 말아야 할지를 결정할 때 문화적 전달을 어떻게 이용하는
지를 연구하기에 딱 맞는 동물이다.

쥐는 다른 동물들이 먹으려 하지 않는 것까지도 먹는다. 청
소부이기에 그들은 항상 새로운 먹이를 맛볼 기회를 지닌다. 아
마 오랜 진화 역사 동안 거의 늘 그렇게 살아왔겠지만, 쥐가 그
런 기회를 더 많이 갖게 된 것은 지난 몇천 년 동안 인간과 긴밀
한 관계(인간의 쪽에서는 그다지 유쾌하지 않은)를 맺은 다음
부터일 것이다. 많은 쥐들은 인간이 버린 음식물을 자기 양분의
주된 원천으로 삼고 있다. 그것은 인간이 자기 식단에 새로운

음식을 추가할 때마다 쥐들의 식단에도 새로운 항목이 추가된다
는 의미이기도 하다. 그리고 바로 거기서 딜레마가 생긴다. 새
로운 음식은 쥐에게 예기치 않은 하사품이 될 수도 있고, 위험
한 물질이 섞여 있거나, 신선한 것인지 상한 것인지 냄새로 알
기가 어렵기 때문에 위험할 수도 있다. 따라서 이런 상황은 사
회적 학습이 뿌리를 내리기에 이상적인 환경이라고 할 수 있다.
실제로 그렇다.

　사회적 학습은 먹이 선호도에 깊은 영향을 미친다. 이것도
줄여 말한 것이다. 나는 갤러프가 어린 쥐와 어른 쥐를 대상으
로 한 연구에 초점을 맞추고 있지만, 사실 쥐의 삶에서 모방 비
슷한 요소는 훨씬 더 일찍부터 작동을 시작한다. 사실 그것은
어미의 자궁에 있을 때부터 작동하기 시작한다. 쥐의 태아는 임
신 말기에 어미가 어떤 종류의 음식을 먹었는지 실제로 느낄 수
있으며, 태어난 직후에 그 음식을 선호하게 된다. 이런 능력을
보여준 실험에 쓰인 음식이 마늘이라는 점에 주목하자. 쥐는 진
화 역사상 이 음식에 노출될 기회가 거의 없었다. 이런 어미의
먹이 선호가 자궁 내에 있던 태아의 그 뒤 먹이 선호에 영향을
미친다는 것은 어미와 자식의 비슷한 먹이 선호도가 유전적 유
사성에 토대를 두지 않은 것이라는 의미가 된다. 마늘에 노출된
적이 거의 없으므로, 마늘 선호도란 것이 있을 수 없기 때문이
다. 태어난 새끼는 어미의 젖에 함유된 것과 같은 화학 물질이

든 먹이를 찾는다. 젖에 어떤 먹이의 맛이 난다면, 태어난 새끼는 곧 그 먹이를 선호하게 된다.

그러면 쥐의 사회적 학습과 먹이 선호 이야기를 해 보자. 먼저 정보 중심 가설이라는 것을 검증하는 실험부터 다루어 보자. 이 가설은 환경에서 먹이에 관한 단서가 끊임없이 변하는 종에서는 개체들이 먹이 사냥에서 막 돌아온 동료들과 상호 작용을 함으로써 먹이의 위치와 종류에 관한 중요한 사항들을 배운다는 것이다. 갤러프와 스티븐 위그모어는 정보 중심 가설이 말하는 바로 그 상황에 있는 종을 대상으로 이 가설을 검증했다. 집쥐가 바로 그 동물이다. 사회적 학습이 쥐의 먹이 찾기에 중요한 역할을 하는지 검증하기 위해, 쥐들을 대상자와 설명자 두 집단으로 나누었다. 여기서 핵심 문제는 설명자가 자기 식단에 새로 추가한 낯선 먹이를 대상자가 오로지 설명자와 상호 작용을 통해 배워서 자신의 식단에 추가할 수 있는가의 여부였다.

먼저 설명자와 대상자 쥐들을 같은 우리에 며칠 함께 키운 뒤, 설명자들을 꺼내 다른 실험실로 가져가 두 무리로 나누어 각기 새로운 먹이를 주었다. 한쪽에는 코코아 맛이 나는 먹이를 주었고, 다른 한쪽에는 계피가 든 먹이를 주었다. 그런 다음 설명자들을 한데 섞은 뒤 다시 원래의 우리에 넣어 대상자들과 상호 작용을 하도록 했다. 15분 뒤에 설명자들을 다시 우리에서 꺼냈다. 다음 이틀 동안 대상자들에게 코코아가 든 먹이와 계피가 든 먹이를 주었다. 이 쥐들이 이 새로운 먹이를 접한 경험이 전혀 없었을 뿐 아니라, 설명자가 이 새 먹이를 먹는 모습을 지켜보지도 못했다는 점을 기억하자. 실험 결과는 명확했다. 대상자들은 설명자가 다른 방에서 어떤 먹이를 먹었는가에 영향을 받았으며, 설명자가 먹은 먹이를 선호했다.

쥐는 주로 후각에 의존하는 생물이므로, 설명자들이 마지막에 무엇을 먹었는지를 냄새로 알아차린다고 해도 놀랄 일은 아니다. 갤러프와 위그모어는 이런 냄새 의존성을 이용해 설명자가 새 먹이에 관한 유용한 정보원으로 얼마나 오랫동안 있을 수 있는지 알아보는 후속 실험을 고안했다. 그들은 설명자가 새로운 먹이를 먹은 직후, 30분 뒤, 60분 뒤에 대상자와 접촉하도록 했다. 30분이 지난 뒤 대상자와 접촉시켰을 때에도 처음과 같은 결과가 나왔다. 하지만 한 시간이 지나자 그 체계는 무너진 듯했다. 대상자는 더 이상 설명자의 선택을 모방하려 하지 않는 듯했다. 시간이 지나 냄새가 흩어져 사라진 것인지, 아니면 시간이 오래 지나면 그 냄새를 무시하는 것인지는 말하기 어렵다.

동료들을 통해 환경에서 어떤 먹이가 시도할 가치가 있는지 배운 쥐들은 그 정보를 끝까지 간직하고 있다. 무엇이 먹기에 좋은 것이고 나쁜 것인지를 판단할 때, 자신의 경험보다 남에게서 배운 것을 더 우선시할 정도이다. 예를 들어, 쥐에게 고

214

춧가루가 든 먹이를 주면, 대개 전혀 입에 대질 않는다. 하지만 그 쥐를 고춧가루를 먹여 온 쥐와 오랫동안 상호 작용을 하도록 하면, 갑자기 그 쥐는 고춧가루가 든 먹이를 자신의 식단에 추가한다. 물론 연구실에 있는 사악한 연구자가 조작을 했을 때에만 쥐에게 이런 예상외의 결과가 나타나는 것이라고 말할 수도 있다. 자연 상태에서 쥐들이 자신이 회피하는 먹이를 계속 먹어 대는 개체와 장기적으로 상호 작용을 하는 일은 거의 없을 것이다. 그렇지만 이 실험의 위력은 그런 상황이 자연 상태와 얼마나 밀접하게 연관되어 있는가가 아니라, 사회적 학습이 먹이 찾기 행동 전반에 어떤 영향을 미치는가 하는 데 있다.

고춧가루 실험에서 언뜻 엿볼 수 있듯이, 쥐의 사회적 학습 이야기에는 예기치 않은 흥미로운 내용이 하나 담겨 있다. 사회적 학습이 쥐가 무엇을 먹어야 할지를 결정하는 데 강력한 힘을 발휘한다는 점을 염두에 두면, 그것이 쥐가 무엇을 먹지 말아야 할지를 결정하는 데에도 중요한 역할을 할 것이라는 생각이 들 수도 있다. 하지만 그렇지 않은 것이 명백하다. 갤러프 연구진은 몇몇 운이 나쁜 쥐들에게 염화리튬을 주사한 뒤 그들을 설명자로 삼았다. 이 설명자들은 아픈 기색이 역력했다. 하지만 관찰자들은 그 아픈 동료들의 몸에서 풍기는 냄새가 든 먹이를 주저하지 않고 자신의 식단에 추가했다. 설명자의 몸에서 냄새로 맡은 새로운 먹이가 설명자를 아프게 한 원인일 것이라는 사실은 그들의 머릿속에 들어오지 않는 듯하다. 쥐의 끔찍한 적인 고양이의 문화와 먹이 찾기에서도 비슷한(하지만 그다지 상세하지는 않은) 연구 결과가 있다.

사회적 학습이 쥐가 먹을 것을 선택하는 상황에서는 그렇게 섬세하게 조율되어 있는 반면, 먹지 말아야 할 것을 판단할 때는 별 도움을 못 준다는 사실은 수수께끼이다.

성공의 달콤한 장면

짝 선택에서도 그랬듯이, 문화적 전달이 먹이 찾기에 미치는 영향이 한 집단에 있는 쥐들에게만 국한된다면, 학술적인 관심을 끌 수는 있겠지만, 행동이 집단 사이에 어떻게 전파되는지를 이해할 새로운 견해를 형성하는 데에는 별 도움이 안 될 것이다. 다행히 문화적 전달을 먹이 찾기와 관련지어 연구한 사례들은 고양이, 돌고래, 사자, 침팬지, 코요테, 다람쥐, 말코손바닥사슴, 수달, 미어캣, 까마귀, 고래 등 많은 동물에서 찾아볼 수 있다. 그 중에서 새와 인간을 대상으로 한 연구가 가장 나은 증거라고 할 수 있다. 불행히도 다른 증거들 중에는 제대로 체계를 갖춰 수집되지 않은 것들이 많다.

1940년대에 차를 즐겨 마시는 영국인들은 아침마다 문 앞에 배달된 신선한 우유병의 얇은 박으로 된 뚜껑이 뜯겨 나간 것을 보면서 점점 더 화가 치밀고 있었다. 병 뚜껑을 뜯는 것은 푸른박새(*Parus caeruleus*)였다. J. 피셔와 로버트 힌더는 운 좋은 푸른박새 한 마리가 우연히 이 새로운 행동을 습득했고, 다른 박새들이 적어도 어느 정도는 이 최초의 우유 도둑(또는 도둑들)을 관찰함으로써 이 멋진 기술을 배웠다는 주장을 했다. 게다가 푸른박새들은 수많은 우유를 못 마시게 만드는 것도 모자라, 이 새로운 기술을 이용해 벽지를 뜯어내기까지 했다. 이 못된 행동은 영국 전역에서 거의 동시에 생겨난 듯했다. 이것은 새로 획득한 습관이 문화적으로 전달된다는 것을 보여주는 명확한 사례라고 받아들여졌다. 하지만 이 이야기가 흥미롭고, 동물의 행동을 형성하는 데 문화가 어떤 힘을 지니고 있는지를 꽤 명확히 보여주고 있긴 해도, 그것은 실험도 통제된 연구도 아니었다. 데이비드 셰리와 갤러프(모방과 쥐 연구로 유명한)는 우유병이 언젠가는 나타날 지역에서 북미쇠박새에게 그저 다른 새를 지켜보도록 함으로써 병 뚜껑을 찢도록 훈련시킬 수 있다는 것을 보여주었다. 우유병이 없는 상태에서 행동을 관찰하도록 했을 때도 그랬다. 물론 그렇다고 해서 50년 전에 연구되었던 그 새들이 문화적 전달을 사용하지 않았다는 의미는 아니다. 단지 그들이 그것을 반드시 사용할 필요는 없었다는 것뿐이다. 진화와 행동에 관한 통제되지 않은 실험에서는 이런 애매한 결과가 나오기 마련이다. 먹이 찾기와 문화적 전달을 가장 포괄적으로 다룬 통제된 연구를 찾으려면, 우리는 쥐에 상응하는 새에게로 눈을 돌려야 한다. 바위비둘기(*Columbia livia*)가 바로 그 새이다.

쥐와 마찬가지로 비둘기도 먹이 찾기 행동의 문화적 전달을 조사하기에 딱 맞는 종이다. 비둘기도 주로 인간이 버린 쓰레기를 먹고사는 청소부이므로, 인간의 변덕스러운 식성에 따라 식단을 바꾼다. 어떤 새로운 먹이가 나올지, 어느 먹이가 안전할지, 이렇게 불확실한 상황은 모방 같은 방법을 통한 행동 전달을 선호하게 된다. 지난 15년 동안 루이 르페브르와 뤼크-알랭 지랄도와 보리스 팔라메타는 성가시지만 온순한 비둘기의 식단 형성에 문화적 전달이 힘을 발휘한다는 것을 입증하는 흥미로운 실험들을 해 왔다. 이 연구는 세 가지 관련 현안에 초점을 맞추고 있다. (1) 비둘기들은 먹이에 관해 어떤 정보를 전달할까? (2) 그런 정보는 비둘기 집단 전체에 어떤 식으로 퍼질까, 또는 왜 퍼지지 못할까? (3) 어떤 요인들이 다른 정보 획득 수단보다 정보의 문화적 전달을 선호하는 것일까?

팔라메타와 르페브르가 1985년 비둘기의 모방과 먹이 찾기 행동 연구를 처음 시작했을 때, 연구할 거리는 무궁무진했다. 비록 문화적 전달이 정보 전달 수단이 된다는 주장이 영장류에서는 받아들여진 상태였지만, 새를 대상으로 사회적 학습과 먹이 찾기 행동에 관해 통제된 연구를 한 사례는 거의 찾아보기 어려웠다. 사실 갤러프의 쥐 연구 등 몇몇 예외가 있긴 했지만, 영장류 이외의 동물을 대상으로 먹이 선호의 문화적 전달을 다룬 통제된 실험을 한다는 것은 거의 불가능했다. 게다가 그런 연구들을 할 때 수반되는 실험 절차상의 문제들 때문에, 문화적 전달과 "맹목적 모방"이나 "사회적 촉진" 같은 다른 설명들을 구별하는 것이 대개 불가능했다. 맹목적 모방에서는 관찰자가 새로운 상황에서 그저 한 개체를 본 뒤 자신이 이미 알고 있던 행동을 끌어내는 것을 의미한다. 사회적 촉진은 한 지역으로 들어온 개체들이 여기저기서 다른 동물들을 봄으로써, 나름대로 새로운 과제를 학습하는 것을 뜻한다.

팔라메타와 르페브르는 관찰자와 설명자를 이용해 문화적 전달을 세 단계로 조사하는 실험을 했다. 관찰자 비둘기가 해내야 하는 과제는 상자에 붙은 붉은 색과 검은 색으로 반씩 칠해진 종이에서 붉은 색 쪽을 쪼아내는 것이다. 그 종이 밑에는 그 일을 해낸 새에게 돌아갈 씨라는 행운의 선물이 들어 있다.

관찰자 비둘기를 먹이 상자(반쪽은 붉은 색, 반쪽은 검은 색으로 칠해진)가 있는 곳에 넣고 네 가지 시나리오 중 하나를 적용했다. 첫번째 상황에서는 운 나쁜 관찰자들을 투명한 칸막이 반대편, 관찰할 모델이 없는 곳에 넣었다. 이들은 숨겨진 먹이를 얻는 방법을 전혀 배우지 못했다. 두번째 상황인, 맹목적 모방 집단의 관찰자들에게는 종이에 난 구멍을 통해 먹이를 먹고 있는 모델을 보여주었다. 구멍은 팔라메타와 르페브르가 뚫어놓은 것이다. 이 실험에서 관찰자 집단은 모델이 먹고 있는 모습을 보긴 했지만, 모델이 숨겨진 먹이를 찾아내는 모습을 본 것은 아니었다. 이 상황에서도 비둘기들은 색깔 상자에서 먹이를 얻는 방법을 배우지 못했다. 세번째 상황에서는 먹이가 들어 있지 않은 붉은 색깔의 종이를 뚫는 모델을 보여주었다("국지적 강화" 사례). 그리고 네번째 상황에서는 모델이 종이를 뚫어 먹이를 먹는 모습을 보여주었다. 마지막 두 사례의 새들은 모두 먹이 찾기 문제를 해결하는 법을 배웠지만, 네번째 상황의 새들이 배우는 속도가 훨씬 더 빨랐다.

우리가 다룬 모든 사례들을 생각해 보면, 문화와 비둘기의 먹이 찾기 행동 연구가 그다지 특별해 보이지 않을지도 모른다. 하지만 이 연구가 이루어졌을 당시에는 이런 통제된 실험이 거의 없다시피 했으며, 새의 먹이 찾기 행동과 문화에 초점을 맞춘 연구는 아예 없었다는 점을 생각해 보라.

이 비둘기 이야기에도 예기치 않은 흥미로운 부분이 하나 있다. 집단 생활을 하는 많은 동물들을 살펴보면, 개체들은 먹이를 찾을 때 두 가지 전략 중 하나를 택하고 있다. 생산하거나 빌붙는 전략이 그것이다. 생산자는 먹이를 찾아내 조달하는 반면, 기식자는 생산자가 찾아낸 먹이에 빌붙어 살아간다. 앞서 비둘기에서 살펴본 모방과 먹이 찾기 행동 이야기를 이것과 겹쳐놓으면, 비둘기에도 생산자와 기식자가 있다는 것이 드러난다. 그리고 비둘기에서는 생산자와 기식자가 모방을 통해 특이한 방식으로 상호 작용한다는 점에서 앞으로의 문화 전달 이해 연구에 많은 쓸모가 있을 것으로 예상된다.

팔라메타와 르페브르의 연구가 새장 안에 있는 비둘기들 사이에 문화적 전달이 이루어진다는 것을 보여주고 있긴 하지만, 집단을 조사해 보면 남을 관찰해서 새로운 먹이 찾기 행동을 배우는 새들은 극히 일부에 불과함을 알 수 있다. 이런 명백한 역설에 마주친 지랄도와 르페브르는 빌붙는 행동이 문화적 전달을 얼마간 억제하는 것이 아닐까 생각했다. 그 생각을 검증하기 위해, 그들은 위에서 다룬 것과 약간 다른 실험을 시도했다. 이번에는 비둘기들이 무리를 지어 함께 먹이를 먹도록 하는 방법을 썼다. 그들은 작은 시험관 48개를 한 줄로 세워놓았다. 이 중 5개에는 먹이가 들어 있었다. 물론 새들은 어느 시험관에 먹이가 들어 있는지 몰랐다. 시험관을 열려면, 시험관 끝에 박힌 고무 마개의 막대를 쪼는 법을 배워야 했다. 막대를 쪼면, 시험관이 열리면서 내용물이 바닥으로 쏟아지도록 되어 있었다. 먹이가 쏟아지면 막대를 쫀 새만이 아니라, 옆에 있던 다른 새들까지 그 먹이를 먹을 수 있었다.

실험 결과는 흥미로웠다. 지랄도와 르페브르가 앞서 한 연구를 토대로 예측한 것처럼, 비둘기 16마리 중에서 시험관을 여는 법을 배운 것은 2마리밖에 없었다. 그것은 그 무리가 생산자 2마리와, 기식자 14마리로 이루어져 있다는 것을 의미했다. 그 외에 두 가지 발견을 더 해낸 지랄도와 르페브르는 빌붙는 행동이 관찰을 통해 시험관을 여는 방법을 배우는 것을 억제한다고 발표했다. 첫째, 기식자는 생산자를 따라하며, 생산자가 먹이를 얻기 위해 무엇을 했는가보다 생산자가 어디에 있는가에 더 관심을 갖는 듯했다. 둘째, 그 무리에서 두 생산자를 제거한 지랄도와 르페브르는 기식자들이 시험관을 여는 행동을 보이지 않았을 뿐 아니라, 시험관을 여는 방법을 알지도 못한다는 것을 확인할 수 있었다. 즉 기식자들이 시험관을 열 수 있는데 열지 않는 것이 아니었다. 그들은 생산자가 옆에 있었을 때 그 형질을 배우지 않은 것이 분명했다.

기식자가 먹이 찾기 기술의 문화적 전달을 어떻게 차단하는지 확실히 알기 위해서, 지랄도와 르페브르는 또 다른 더 통제된 실험을 시도했다. 이번에는 관찰자 하나를 설명자(먹이 획득 방법을 이미 알고 있는) 하나를 짝을 지웠다. 설명자가 시험관을 열어 먹이를 얻는 모습을 관찰자에게 지켜보도록 하자, 관찰자는 시험관을 여는 법을 배웠다. 즉, 모든 새는 먹이 찾기 행동을 배울 능력을 갖고 있었다. 지랄도와 르페브르는 여기서 독창적인 조작을 가했다. 그들은 설명자가 시험관을 열 때마다,

그 안에 든 먹이가 관찰자의 새장 속으로도 쏟아지도록 조작했
다. 그러자 관찰자는 스스로 시험관을 여는 방법을 거의 배우지
않았다. 다른 누군가가 발견한 먹이에 빌붙게 되자, 남으로부터
배울 수 있는 능력이 억제되었던 것이다. 지랄도와 르페브르의
이 발견은 문화적 전달이 효과가 있을 때와 없을 때를 파악한 몇
안 되는 특수한 사례에 속한다.

우리 인간은 식단과 관련된 거의 모든 중요한 것들을 문화
적 전달을 통해 배운다. 호모 사피엔스의 문화적 전달과 식사의
관계를 연구하는 권위자인 폴 로진의 말을 생각해 보자.

인도 힌두교도들은 음식이 도덕적인 것이라고 본다. 그들에게 음식은 슈퍼마켓
에서 사는 일반적인 양분 덩어리가 아니라, 그것을 생산한 사람의 자취가 담겨
있는 것이다. 음식을 먹는 행위는 그것을 만든 사람의 정수를 먹는 것과 같다.
하위 계급의 사람이 준비한 음식을 먹음으로써, 누군가의 지위나 인격에 해를
입힐 수 있다. 사실 누가 어떤 음식을 먹을 수 있는지 조사하여 인도의 정교한
계급 구조를 재구성할 수도 있다.

현재는 민족 문화가 그런 엄격한 계급 구조를 강요하는 사
례를 찾아보기 어렵다. 문화적 전달은 어떻게 인류의 식단에 그
런 극적인 영향을 미칠 수 있었을까? 그냥 자신이 먹고 싶은 것
을 먹으면 안 될까?

이 질문을 다루기 위해서 해야 할 실험들이 어떤 것들이 있

는지 살펴보면, 인간의 문화적 전달과 음식 선호를 연구할 때 직면하는 본질적인 어려움이 뚜렷이 드러난다. 1938년 K. 던커는 2살 반이 된 어린아이들의 음식 선호도를 조사했다. 각 아이가 좋아하고 싫어하는 음식이 무엇인지 파악한 다음, 각 아이에게 자신이 그다지 좋아하지 않는 음식을 다른 사람들이 선택하는 모습을 지켜보도록 했다. 비록 던커는 효과가 고작 일 주일 정도밖에 안 간다는 것을 알아차리긴 했지만, 그는 사실상 아이들이 다른 사람들이 음식을 고르는 모습을 지켜보고서 자신의 음식 선호도를 바꾼다는 것을 발견한 셈이다. 그 효과가 어느 때 특히 강할지 우리는 예상할 수 있다. 자신의 친구나 친구는 아니지만 강한 아이를 관찰할 때가 그렇다. 게다가 던커는 어느 영웅이 아이들이 싫어하는 음식을 즐겨 먹었다는 이야기를 들려주기도 했다. 그러자 그 음식이 아이에게 새로운 의미를 지니게 되었다는 것은 틀림없다.

L. 버치는 던커의 연구가 이루어진 지 40년쯤 지난 뒤, 아이들의 먹이 선호도 습득에 관한 비슷하면서도 더 통제된 재미있는 실험을 했다. 버치는 먼저 아이들의 채소 선호도를 조사했다. 그런 다음 실험 대상자인 아이(즉 관찰자)를 다른 서너 명의 아이들과 한 식탁에 앉게 한 뒤, 아이들에게 자신이 먹을 채소를 고르도록 했다. 느리긴 하지만 분명히, 실험 대상자들은 동료들에 맞게 자신의 선택을 바꾸기 시작했다. 버치나 던커의

연구에서 어떤 모델도 실험 대상자에게 적극적으로 가르친 적이 없다는 점을 생각할 때(즉, 그들은 자신의 선택이 이러저러해서 좋다는 식의 설명을 하지 않았다), 이런 연구들은 적어도 아이들에게 문화적 힘이 얼마나 강한 영향을 미칠 수 있는지를 보여준다. 칠레고추처럼 처음에 부정적인 반응이 강했던 음식까지 결국 아이의 식단에 포함될 정도로 강력했다.

그러면 우리가 음식을 고를 때 왜 이런 정보 전달 양상에 그렇게 크게 의존하는 것인가라는 의문이 자연스럽게 떠오를 것이다. 아마도 우리가 먹는 음식들, 특히 육류가 세균을 비롯한 온갖 질병 매개체들의 온상이며, 그것들이 인간의 유전자가 대처할 수 없을 정도로 빠른 속도로 변신을 거듭하고 있다는 사실이 대답이 될지 모른다. 무엇이 먹기에 좋고 무엇이 나쁜지를 문화적으로 배울 수 없다면, 우리는 심각한 문제에 봉착할 것이다. 때로 생물학자들은 우리 종을 호모 이미타투스(*Homo imitatus*, 모방하는 인간)라고 부르곤 한다.

인간의 모방이 위에 말한 아이들보다 훨씬 더 어린아이 때부터 나타난다는 연구 결과들이 있다는 점을 지적해두자. 1993년 E. 한나와 A. 멜초프는 14개월 된 아기들을 대상으로 현장 실험을 했다. 우선 몇몇 아기들에게 장난감을 새로운 방식으로 갖고 놀도록 가르쳤다. 그런 다음 이 아기들을 교사로 삼았다. 연구자들은 이 교사들을 전에 가보지 않았던 놀이방에 차례로

데려갔다. 다른 아기들이 "탁자에 둘러앉아 주스를 마시거나 엄지손가락을 빨면서 대체로 아기들처럼 행동하고 있을 때", 우리의 교사는 새로운 방식으로 장난감을 갖고 놀기 시작했다. 이틀 뒤, 관찰자 아기들은 자기 집(놀이방이 아니라)을 뒤져 장난감을 찾았다. 장난감을 갖고 노는 새로운 행동을 채택했다는 것이 명백했다. 다음 번에 누가 텔레비전이 자기 아이의 행동에 아무런 영향을 미치지 않는다고 말하면, 이 실험을 떠올려보도록.

좋은 역할 모델과 나쁜 역할 모델

지금까지 우리가 다루어 온 동물의 문화적 전달 사례들은 대부분 한 가지 흥미로운 유사성을 지니고 있다. 전달되는 정보가 모두 이런저런 방식으로 유용했다는 사실이다. 짝을 얻는 데 쓰이는 정보나 먹을 것과 못 먹을 것이 무엇인지 학습하는 데 쓰이는 정보처럼, 지금까지 문화적 전달을 통해 전달된 정보는 동물이 적합성을 증가시키는 데 사용할 수 있는 것이었다. 하지만 다른 사례가 필요하지 않을까? 적응성 있는 정보뿐 아니라 부적응 정보도 문화적 전달을 통해 다른 동물에게 건넬 수 있지 않을까(우리는 이미 인간에게서 그런 사례를 살펴보았다)? 여기에서 케빈 럴랜드, 케리 윌리엄스, 그리고 거피가 등장한다.

226

문화에 관심이 있는 많은 진화생물학자들과 함께 연구를 한 바 있는 럴랜드는 윌리엄스와 함께 다음 질문의 해답을 알고 싶어했다. 모방이 집단 사이에 정보를 전달하는 빠르고 효율적인 방법이라면, 그것이 집단 전체에 부적응 행동을 퍼뜨릴 수도 있지 않을까? 즉 개체들이 서로를 충분히 모방한다면, 오류도 표준이 될 수 있지 않을까? 이 질문에 답하기 위해, 그들은 제임스 본드 영화에 등장할 만한 차단 문이 장착된 수조를 만들었다. 수조에는 먹이에게 다가갈 수 있는 통로를 둘 설치했다. 한 통로는 짧고 빨리 갈 수 있는 반면, 다른 통로는 길고 더 멀리 돌아가도록 되어 있었다.

문화적 전달 실험을 하기에 앞서, 거피를 한 마리씩 수조에 넣어 시험을 했다. 긴 통로와 짧은 통로 중 선택하도록 했을 때, 거피들은 일관성 있게 짧은 통로로 가는 법을 습득했다. 지금까지 우리가 살펴본 거피의 모습을 생각하면, 그다지 놀랄 일도 아닐 것이다. 하지만 그 다음에 벌어진 일에는 놀랄지도 모른다. 거피들이 가장 짧은 경로를 통해 먹이에게로 다가가는 법을 배울 만치 영리하다는 점을 확인한 뒤, 럴랜드와 윌리엄스는 집단을 둘로 나누어 훈련시켰다. 첫번째 집단은 빠른 통로를 통해 먹이가 있는 곳으로 가도록 훈련시켰다. 훈련은 쉬웠다. 두번째 집단을 훈련시키는 데는 약간의 계교가 필요했다. 짧은 통로에 있는 차단 문들을 갑자기 닫아 이 집단의 물고기들이 놀라서 짧은 통로를 피하도록 훈련시킨 것이다. 따라서 두번째 집단은 긴 통로로 가도록 훈련을 받았다.

럴랜드와 윌리엄스는 이렇게 "긴 통로" 집단과 "짧은 통로" 집단을 훈련시킨 다음, 각 집단에서 서서히 원래의 구성원들을 빼고 새로운 개체들을 집어넣었다. 즉 처음에는 집단에 훈련받는 거피 5마리가 있었다가, 훈련받은 4마리에 훈련받지 않은 신참 1마리로 바뀌었고, 그 다음에는 훈련받은 3마리에 훈련받지 않은 2마리로 구성이 바뀌었다. 맨 나중에는 훈련받지 않은 5마리가 집단을 이루었다. 질문은 실험이 끝날 때 남아 있는 물고기들, 즉 특정한 경로를 지나가도록 훈련받지 않은 물고기들이 원래 그 집단을 이루었던 물고기들이 취한 "전통적인" 통로로 계속 다니는가 여부였다.

럴랜드와 윌리엄스는 짧은 통로 집단이 그 집단에 훈련받은 원래의 개체가 전혀 없을 때에도 그 통로를 계속 사용한다는 것을 발견했다. 즉 훈련받은 개체들이 사라지고 있는 상황에서도, 사회적 학습을 통해 유용한 정보의 전달이 이루어진 것이다. 긴 통로 집단에서도 마찬가지 결과가 나왔다. 실험이 끝날 무렵에 그 부적응 행동을 하도록 훈련받은 원래의 개체들이 모두 사라진 뒤에도 그 집단의 구성원들은 여전히 긴 통로를 이용하고 있었다. 따라서 사회적 학습은 효율성과 오류를 양쪽 다 이끌어낼 수 있다. 아마 가장 흥미로운 발견은 긴 통로 집단에서 훈련받은 물고기들이 경험이 없는 물고기들보다 짧은 경로로 가는 법을 배우는 데 더 오래 걸렸다는 점이다. 긴 통로 집단에서 사회적 학습은 거피들이 잘못된 정보를 획득하도록 했을 뿐 아니라, 그 뒤에 최적 경로를 배우는 것도 더 어렵게 만들었다. 좋든 나쁘든 간에 거피의 문화적 전달이 고려되어야 할 힘이라는 것은 분명하다. 그리고 미지의 공간을 항해하는 수단이 되는 문화적 정보를 거피만이 활용하는 것은 아니다.

1984년 진 헬프먼과 에릭 슐츠는 럴랜드가 했던 것과 비슷한 실험을 했다. 하지만 그들은 야외에서 실험을 했고(따라서 럴랜드가 연구실에서 했던 것과 같이 통제할 수 없었다), 오로지 문화적 전달의 혜택에만 초점을 맞추었다. 헬프먼과 슐츠는 열대 산호초에 사는 하스돔과의 물고기인 프랑스돔(french grunt, *Haemulon flavolineatum*)을 연구했다. 프랑스돔 새끼들은 무리를 지어 살며, 거의 3년 동안 산호초의 특정한 위치에서 붙박이로 지낸다. 매일 밤 무리들은 선호하는 자리에서 떠나 별 특색 없는 통로를 따라 근처 장소로 이동해 먹이를 먹다가, 낮이 되면 다시 원래 있던 산호초로 모여든다.

헬프먼과 슐츠는 그들이 남을 관찰해서 이동 통로를 학습하는 것이 아닌지 알고 싶었다. 이동과 문화적 전달이 관계가 있는지 알아보기 위해, 그들은 프랑스돔 새끼들을 두 집단으로 나누어 조사했다. 그들은 두 집단을 산호초의 새로운 지점으로 이주시켰다. 첫번째 집단은 기존 물고기들이 그대로 살고 있는 상태에서 이주시켰고, 두번째 집단은 원래 살던 물고기들을 모두 없앤 뒤 이주시켰다. 이 이주시킨 물고기들이 새로운 고향에서 이동 통로를 학습하는지 여부를 조사한 연구자들은 이주자들이 기존 물고기들이 돌아다니는 모습을 관찰할 기회를 가졌을 때에만 새로운 이동 통로를 학습할 수 있다는 것을 발견했다. 보고 배울 상대가 없는 물고기들은 밤에 어디로 가서 먹이를 먹어야 할지 몰랐다. 그들은 원래 있던 고향에서 다녔던 통로를 찾으려 시도했지만, 당연히 실패하고 말았다.

누가 나쁜 녀석들인지 배우기

벌잡이새사촌이라고 알려진 열대 종에 속한 새들은 독이 있는 산호뱀을 본능적으로 두려워한다. 몸에 빨간색과 노란색의 특이한 띠가 나 있는 산호뱀은 벌잡이새사촌에게는 특히 위협이 되는 존재이다. 나무못에 빨간색과 노란색 띠를 칠해 벌잡이새사촌 새끼에게 주면, 새끼는 금방 두려워하는 모습을 보인다. 반면에 위험한 뱀과 닮지 않은 녹색과 파란색 띠를 칠하거나, 심지어 빨간색과 노란색으로 세로 줄무늬를 칠한 나무못을 주면, 새끼는 그것을 쪼아대는 등 그것이 뱀이라면 극히 위험할 행동들을 한다. 벌잡이새사촌은 태어날 때부터 누가 적인지 알고 있다.

누가 적인지 알기 위해 벌잡이새사촌이 내놓은 해결책(유전 부호에 정답을 새겨놓는 것)은 매우 합리적인 것이지만, 그것은 특정한 상황에서만 제대로 작용한다. 대응해야 할 포식자들의 종류가 많다면, 또는 포식자가 계속 바뀐다면, 타고난 공포심은 "너의 적을 알라"는 문제의 적절하거나 충분한 해답이 되지 못할 수도 있다. 그런 상황에서는 누가 적인지 배워야 할지 모르며, 배우는 최선의 방법은 남들이 잠재적 위협에 어떻게 반응하는지를 관찰하는 것인지도 모른다. 에버하르트 쿠리오 연구진은 바로 그것을 연구했다.

다른 많은 새들과 마찬가지로, 노랑부리검은지빠귀도 "집단 괴롭힘mobbing"이라고 하는 흥미로운 포식자 대항 방어 체제를 갖추고 있다. 집단 괴롭힘은 관찰하는 사람에게는 대단히 기묘해 보인다. 노랑부리검은지빠귀 한 무리가 포식자를 발견하면, 그들 중 일부가 힘을 합쳐 그 위험 분자에게로 날아가 공격하면서 쫓아버리려 시도한다. 그런 단합된 싸움은 포식자를 영토에서 몰아내는 역할을 충분히 해내곤 한다. 집단 괴롭힘이 정확히 어떻게 작동하고, 그런 행동의 비용과 편익을 어떻게 계산할 것인지는 지금 논란거리가 되고 있으며, 조류의 행동을 연구한 문헌에서는 이 주제를 다룬 비용-편익 모델들을 많이 찾아낼 수 있다.

5장에서 살펴보았듯이, 쿠리오 연구진은 집단 괴롭힘 행동이 신참 검은지빠귀들에게 누가 포식자인지 알리는 역할도 하는 것이 아닐지 조사했다. 그것은 문헌에 "문화적 전달" 가설이라고 언급되어 있으며, "한 대상에게 떼거리로 몰려드는 모습이 개체에게 그 대상을 두려워하고 피하라고, 또는 더 강하게 괴롭히라고 가르치는 것일 수 있다".

쿠리오가 어떻게 연구를 했는지 살펴보자. 모든 실험은 "교사"와 "신참" 새를 가지고 시작했다. 이 새들은 각각 자신의 새장 안에 있었다. 실험 장치는 각 새들이 다른 새, 이 사례에서는 시끄러운 대머리새를 볼 수 있도록 고안되어 있었다. 대머리새는 교사 새나 신참 새나 한 번도 본 적이 없는 새로운 포식자였다. 게다가 대머리새는 검은지빠귀의 기존 포식자들과 닮은 점이 전혀 없었다. 쿠리오는 신참 새는 대머리새만 볼 수 있게 하고, 교사 새는 대머리새와 그 옆에 있는 자신의 포식자인 금눈쇠올빼미(*Athene noctua*)를 함께 볼 수 있도록 했다. 즉 신참 새에게는 금눈쇠올빼미가 보이지 않았다. 따라서 교사 새가 금눈쇠올빼미에게 달려들어 소란을 피웠을 때, 신참 새에게는 교사 새가 대머리새에게 달려드는 것으로 보였다. 이제 그 달려들어 괴롭히는 행동이 신참 검은지빠귀에게 대머리새가 정말로 포식자라고 가르치는지를 검증하는 것이 가능하다.

쿠리오 연구진은 교사 새가 대머리새에게 달려들어 소란을 피우는 것을 보고 나면 신참 새는 교사 새의 행동을 보지 않았을 때보다 이 새로운 생물인 대머리새에게 달려들어 소란을 피우는 경향이 훨씬 더 심해진 것을 발견했다. 쿠리오는 실험을 한 단계 더 진행시켰다. 그는 이제 신참 수준을 벗어난 그 새가 다른 새 신참 새에게 교사 역할을 할 수 있는지 알아보기로 했다. 그리고 만일 그런 일이 일어난다면, 그런 식의 신참자에서 교사로 되는 과정이 얼마나 길게 이어질 수 있을까? 즉 노랑부리검은지빠귀에서 "문화적 전달 사슬"이 얼마나 길게 이어질까? 그 사슬이 더 길어질수록, 집단 전체에 새로운 행동을 전파하는 문화적 전달도 더 강력해질 수 있다. 비록 실험 대상의 수가 적긴 했지만, 쿠리오는 노랑부리검은지빠귀의 문화적 전달 사슬이 적어도 여섯 단계까지 이어진다는 것을 발견했다. 새의 지능을 고려할 때 결코 낮은 수준이 아니다.

1900년대 초부터 대다수 영장류학자들은 많은 원숭이 종들이 뱀이 나타나면 매우 심하게 두려움을 보인다는 것을 알아차렸다. 그러자 그것이 타고난 반응인가, 학습된 반응인가, 문화적으로 습득된 반응인가, 아니면 그런 것들이 조합된 반응인가라는 의문이 생겼다. 야생 상태의 영장류와 실험실에서 키운 영장류들을 비교한 초기 연구들은 실험실에서 키운 개체들(즉 뱀을 한 번도 본 적이 없는 개체들)이 야생 상태의 개체들(즉

뱀을 경험할 기회가 있었던 개체들)과 뱀에 같은 식의 반응을
보이지 않았다는 점을 토대로, 뱀에 대한 두려움이 완전히 타고
난 것은 아니라고 주장했다.

수잔 미네카 연구진은 연구실에서 붉은털원숭이 새끼들을
대상으로 통제된 실험을 해서 문화적 전달이 뱀을 두려워하는
반응을 일으키는 데 중요한 역할을 하는지 조사했다. 먼저 그녀
는 뱀을 두려워하지 않는 붉은털원숭이 새끼들을 조사했다. 이
원숭이들에게 뱀을 두려워하는 전형적인 몸짓과 행동을 보이는
모델을 지켜보도록 하자, 이들은 금방 두려워하는 반응을 받아
들였다. 흥미로운 점은 모델이 부모이든 친척이 아닌 다른 원숭
이든 간에 아무 차이가 없었다는 점이다. 모델과 혈연 관계가
있든 없든 간에, 뱀을 두려워하는 반응을 습득한 새끼들은 그런
문화적으로 유도된 두려움을 적어도 석 달 동안 간직했다.

동물 모델과 동물 교사

동물이 문화적 전달을 통해 정보를 전달한다는 말과 동물
이 서로를 가르친다는 말은 전혀 다르다. 문화적 전달 중에는
모방처럼 수동적으로 이루어질 수 있는 유형들이 많이 있다. 관
찰자들이 그저 남으로부터 새로운 정보를 수집하고, 그렇게 배

운 것을 자신의 행동 목록에 추가하는 것일 뿐, 모방되는 쪽은 별 다른 특별한 일을 전혀 안 할 수도 있다. 즉, 모방되는 개체는 평소에 하던 행동 외의 다른 행동을 전혀 할 필요가 없다. 누군가가 상대를 관찰하고서 모방할 때가 바로 그렇다.

교육도 복잡한 문제이다. 교육은 누군가가 교사 역할을 한다는 의미이다. 즉 모방처럼 단순히 누군가가 본뜨는 모델이 아니라 훨씬 더 적극적이고 복잡한 역할을 하는 자가 있다는 의미이다. 그리고 동물이 서로를 가르친다는 개념이 동물의 문화적 전달에서 가장 지속적으로 논란을 일으키는 부분이라고 말해도 놀랄 일은 아닐 것이다. 왜냐하면 동물이 정말로 서로를 가르친다면, 우리가 인간의 특성이라고 보아 온 행동들 중 하나가 그저 그런 것이 될 터이기 때문이다. 그래도 우리는 도덕을 가르치는 유일한 동물로 남아 있겠지만, 이제 더 이상 역사를 가르치는 유일한 동물은 아닐 것이고, 그런 상황을 받아들이기 어려운 사람도 있을 것이다.

팀 캐로와 마크 하우저는 1993년에 동물의 교육이라는 문제를 다룬 흥미로운 논문을 발표했다. 캐로와 하우저는 과학적 및 일상적 의미에서 교육이 수많은 방식으로 정의되고 있지만, 그런 정의들에서 한 가지 요소는 불필요하다고 주장한다. 대다수 정의는 교사가 학생의 정신 상태를 어느 정도 알고 있어야 한다고 가정한다. 캐로와 하우저는 이런 견해에 반대하면서, 교육

중에서 교사의 그런 능력을 수반하는 유형이 일부 있긴 하지만, 교육이 이루어지는 데 그것이 반드시 필요한 것은 아니라고 주장한다. 그 대안으로 그들은 인식 능력에 덜 의존하는 정의를 제시한다.

> 행위자 A가 어떤 대가를 치르면서 또는 적어도 직접적인 혜택을 받지 않은 채, 신참 관찰자 B가 있을 때에만 자신의 행동을 바꾼다면, A가 가르치는 것이라고 말할 수 있다. A의 행동은 B의 행동을 부추기거나 처벌하거나, B에게 경험을 제공하거나, B가 본받을 사례가 된다. 그 결과 B는 다른 식으로 했을 때나 전혀 배우지 않았을 때보다 더 일찍 또는 더 빨리나 더 효율적으로 기술을 습득하거나 지식을 획득한다.

따라서 교육은 본질적으로 신참 개체를 가르치는 것이고, 직접적인 혜택을 제공하지 말아야 하는 것이며, 오직 신참 "학생들"만을 대상으로 이루어져야 하며, 다른 식으로 얻었을 때보다 더 빨리 학생들에게 새로운 정보를 나눠주어야 하는 것이 된다. 이제 우리는 이 정의의 각기 다른 측면들을 언제든 이용할 수 있지만(캐로와 하우저는 그 정의의 모든 요소들을 더 상세히 분석하고 있다), 여기서는 캐로와 하우저의 정의 하에서도 교육이 얼마나 흔한지를 보여주는 것만으로도 많은 설명이 될 수 있다. 교육이라고 할 만한 사례들을 몇 가지 나열해 보자.

- 새끼가 사냥하는 법을 배울 나이가 되었을 때 어미의 사냥 행동 변화. 극단적인 사례로, 어미 고양이가 먹이를 생포해서 도망가지 못하도록 하면서 새끼에게 주고 갖고 놀게 하는 모습을 생각해 보라. 이런 교육은 정도는 각기 다르지만 집고양이, 사자, 호랑이, 치타(특히 강력한 증거가 된다), 미어캣, 몽구스, 수달에게서도 나타난다.

- 침팬지, 고릴라, 붉은털원숭이, 노랑비비yellow baboon, 거미원숭이에서 "대개 집단이 이동하거나 먹이를 찾으러 다닐 때, 어미들이 새끼들에게 자신을 따라서 걷고 행동하라고 부추기는 모습이 관찰되어 왔다".

- 차크마비비chacma baboon와 다람쥐원숭이 어른들은 새끼들이 위험한 것에 접근하지 못하도록 쫓는다.

- 수화의 전문가인 침팬지 와쇼는 룰리스(수화에 덜 익숙한)에게 "먹이"를 뜻하는 수화가 그것이 아니라고 가르쳤다.

- 베르베트원숭이는 각기 다른 포식자에 맞는 경고 소리를 새끼에게 가르친다.

- 아이보리 해안의 타이 국유림에 사는 침팬지들은 새끼들에게 견과를 깨는 법을 가르친다. 어미들은 새끼가 견과 깨기 기술을 배울 나이가 되면 저장해두었던 견과들을 새끼 근처의 모루 위에 올려놓는다.

- 매, 새매, 물수리 같은 많은 맹금류들은 새끼들에게 공중을 빠르게 날면서 사냥하는 어려운 기술을 가르치는 듯하다.

교육일 가능성이 있는 이런 예들의 밑바탕을 이루는 공통점을 파악하려 시도한 캐로와 하우저는 가능성이 있는 두 가지 공통점을 발견했다. 첫째, 거의 모든 사례에서 부모가 새끼들을 가르쳤다는 것이다. 언뜻 보기에는 그다지 놀라운 일이 아닐지 모르지만, 새끼들이 부모 외의 다른 누군가로부터 배울 수 있으며, 어른들이 서로에게 가르칠 수도 있다는 점을 생각할 때, 부모/교사와 자식/학생의 관계는 교육의 비용과 편익 측면을 암시하는 듯하다. 교사와 학생을 결속시키는 친족 관계가 편익 중에서 교육의 비용을 보상하고 남을 만큼 큰 유일한 것인지도 모른다. 둘째, 캐로와 하우저는 교육에 두 종류가 있다는 것을 발견했다. 하나는 "기회 교육opportunity teaching", 다른 하나는 "지도 coaching"라고 부른다. 전자는 교사가 학생을 "새로운 기술을 배우거나 지식을 습득하는 데 도움이 되는 상황"에 놓는 것이며, 후자는 교사가 "격려나 처벌을 통해 행동을 직접 변화시키는" 것이다. 동물 교육의 사례들은 대부분 기회 교육에 속한다. 기회 교육이 둘 중 단순하다고 여겨지므로, 그다지 놀랄 일은 아니다.

생존의 문제

이 장에서 지금까지 다룬 연구들 중 생존에 미치는 직접적이고 가시적이고 명확한 영향을 보여준 것은 한 건도 없었다. 물론 어느 한 행동을 따로 분리해 그것이 생존에 어떤 기여를 하는지 조사하기가 대단히 어렵기 때문이기도 하다. 하지만 행동에는 자연선택이 작용하므로 그런 자료를 이용할 수 있다면 대단히 흥미로울 것이며, 그런 자료를 특정 행동 형질의 문화적 전달과 관련지으면 기삿거리가 된다. 내 대학원생이었던 마이클 앨피어리는 거피를 대상으로 그런 자료를 수집했다.

앨피어리는 박사 논문에서 교육(포식자를 피하는 법을 배우는 것)이 생존에 어떤 영향을 미치는지 조사했다. 그는 교육이 생존에 미치는 직접적인 영향을 조사하기 위해, 거피들에게 갖가지 "포식자 대항 교육"을 시켰다. 예를 들어, 거피 수컷들에게 포식자에게 대항하고도 살아남는 거피, 포식자에게 쫓겨다니다가 결국 잡아먹히는 거피, 그냥 포식자의 입에 삼켜지는 거피를 관찰하도록 했다. 그는 관찰자가 획득한 정보 유형이 관찰자의 생존에 중요한 영향을 미친다는 것을 발견했다. 포식자에게 쫓기다가 결국 잡아먹히는 거피를 본 수컷들은 그 뒤 자신이 그런 상황에 처했을 때 덜 잡아먹혔다. 그런 개체들은 포식자에게서 피할 때 무엇이 효과가 있고 효과가 없는지를 배운 듯했다. 이것이 이 책에 실린 실험들 중에 교육이 적합성에 직접적이고 크고 논쟁의 여지가 없는 영향을 미친다는 것을 보여준 유일한 사례에 해당한다는 것을 알면 놀랄지도 모르겠다. 하지만 앨피어리는 자신이 고안한 멋진 실험을 통해 방금 묘사한 것보다 더한 발견을 이루어냈다.

교육과 생존의 관계를 밝혀낸 뒤, 앨피어리는 포식자를 겪

어보지 못한 신참 물고기들을 골라 두 집단으로 나누었다. 한
집단에서는 신참 물고기와 적절한 포식자 대항 행동을 이미 습
득한 다른 물고기를 짝지어 주었다. 다른 집단에서는 포식자 경
험이 없는 신참 물고기들을 둘씩 짝지어 주었다. 그는 경험 있
는 상대와 짝을 이룬 물고기들이 포식자와 접촉했을 때, 살아날
확률이 자기 짝만큼 높다는 것을 발견했다. 반면에 경험 없는
상대와 짝을 지은 신참자들은 사망률이 높았다. 즉, 자신의 경
험뿐 아니라, 자기 짝의 경험 수준도 포식자와 마주쳤을 때 생
존에 직접적인 영향을 미친다. 신참자들이 짝의 경험으로부터
정확히 어떻게 혜택을 입는지는 아직 밝혀지지 않았다. 하지만
합리적인 정의 중 어떤 것을 택해도, 앨퍼어리가 문화적 전달이
적합성에 직접적인 혜택을 준다는 것을 발견했으며, 이 발견이
문화적 전달이 동물의 행동에 정말로 어떻게 영향을 미치는가를
다룬 완벽한 이론을 개발하기 위해 우리가 그토록 절실히 필요
로 해 왔던 자료라는 것은 분명하다.

문화의 힘

　이 장에서 다룬 연구는 자연력으로서의 문화적 전달이 짝
선택이라는 영역에만 한정된 것이 아님을 보여준다. 동물의 문

화 연구가 더 보편적이 될수록, 우리 자신을 포함해서 생물들이 왜 지금과 같은 식으로 행동하는지 이해하는 일이 더 중요한 문제로 대두될 것이다. 문화적 전달이 짝짓기에만 한정되어 있다면, 짝짓기를 연구하는 생물학자들은 이 힘에 관심을 기울일 필요가 있다(아직은 대부분 관심이 없다). 하지만 동물에게서 먹이 찾기, 보호, 의사 소통, 이동, 우애 같은 것들이 문화적 전달에 영향을 받는다면, 원리상 문화의 영향을 받지 않는 행동은 없다.

동물의 행동들 중 문화의 영향을 받는 것으로 밝혀진 행동들은 계속 늘어나고 있다. 그리고 나는 우리가 이제 겨우 빙산의 일각을 본 것이라고 생각한다. 행동생태학자들이 문화적 전달을 별 것 아니라고 치부하는 태도를 버리기만 한다면, 우리가 미처 파악하지 못했던 동물 문화의 사례들이 얼마나 늘어날지 예측할 수도 없을 것이다. 더 중요한 것은 문화적 전달이 자연력으로서 영향을 미친다는 것을 이해했을 때 우리가 배울 일반적인 사항들이 단지 시작에 불과하다는 것이다.

문화적 전달이 제대로 평가되면, 생물들이 지금처럼 행동하는 이유를 나름대로 파악하고 있는 현재의 관점들에 극적인 변화가 일어날 것이다. 삼류 신문·잡지의 독자라면, 나쁜 역할 모델이 대규모 인간 집단 전체로 나쁜 행동을 퍼뜨릴 수 있다는 개념을 잘 알고 있을 것이다. 하지만 심리학자들이 그랬듯이,

이 현상을 실험적으로 연구하는 일은 쉽지 않다. 그렇기에 럴랜드와 윌리엄스가 거피를 대상으로 한 구체적인 연구가 앞으로 인간 집단을 대상으로 이루어질 정보 전달 연구의 지침이 될 가능성이 높다.

어느 한 동물 연구 결과가 인간의 행동을 설명할 수는 없다. 각 동물은 나름대로 자신의 규칙을 만들고 깨기 때문이다. 따라서 교육이 실제로 작용하는지를 조사한 럴랜드와 윌리엄스의 연구와 이 책에서 살펴본 다른 많은 사람들의 연구는 동물 문화의 바탕에 깔린 공통의 주제를 찾아내기 위한 통제된 실험의 출발점 역할을 한다. 문화적 전달의 일반 이론을 찾아내고 그것이 행동에 지닌 의미를 이해하는 것은 단지 시간 문제일 뿐이다.

맺음말 | 우리 행동의 이해

오류와 과상은 중요하지 않다. 중요한 것은 사고의 대담성이다. 결과를 걱정하지 않고 자신이 믿는 것이 옳다고 선언하는 용기인 것이다. 절대적인 진리를 소유하고 싶다면, 바보가 되든지 벙어리가 되든지 해야 한다.

호세 클레멘테 오로스코

지금까지 과학자들이 직면했던 질문 중 가장 당혹스러운 것은 일상 생활에서 가장 흔히 마주치는 질문 중 하나다. 왜 사람들은 지금과 같은 식으로 행동을 하는 것일까? 지난 세기에 생물학, 심리학, 인류학 분야에서 엄청난 발전이 이루어져 왔지만, 이 질문은 여전히 수수께끼로 남아 있다. 행동의 특성을 이해하려면, 먼저 문화적 진화의 과정을 철저하게 이해할 필요가 있다. 우리는 남의 행동에 맞춰 행동하도록, 대개 그들의 행동을 본뜨도록 진화해 왔기 때문이다. 물론 우리 호모 사피엔스는 누구를 모방할 것인지 선택을 하며, 남의 행동 모방은 대개 어떤 창조적인 독창적인 행동을 모방하는 것에서 시작되지만, 그것이 문화의 선결 조건은 아니다. 모든 인간은 다른 많은 사람들의 행동을 따라한다. 문화적 진화는 동물의 사회적 삶에 깊은 영향을 미쳐 왔으며, 그 영향은 시간이 지나면서 계속 커져가기만 할 것이다. 동물은 누구를 모방할지 선택하지 않을 수도 있으며, 모방 대상이 그다지 창조적인 행동을 하지 않을 수도 있다. 그래도 문화적 전달은 강력한 힘이 될 수 있다.

동물의 문화적 진화를 다룬 연구들은 동물의 뇌가 크든 작든 중요하지 않다는 기이하고 놀라운 사실을 밝혀냈다. 사실상 우리가 뇌라고 부를 수 있는 것을 가까스로 지닌 동물들도 있다. 몇몇 개체들, 또는 한 개체의 활동은 특정 집단의 진화적 미래에 근본적인 변화를 일으킬 수 있다. 개체들이 뛰어난 모방자이기 때문이다. 몇몇 개체들이 갑자기 Y가 아니라 X 행동을 좋아하게 되고, 다른 개체들이 그 행동을 모방한다면, 우리 집단은 이제 X 행동을 하는 개체들로 가득해지고 그 상태를 유지할 것이다. 거기에 갑자기 Z 행동이 툭 튀어나온다면, 누가 그 행동을 갖고 있고 누가 그것을 지켜보는가에 따라, Z 행동은 점점 더 널리 퍼질 수도 있다. 그리고 이런 행동 변화가 반드시 한 가지 행동 전략이 다른 전략보다 더 적합할(유전적 의미에서) 필요는 없다는 것을 명심하자. 한 개체가 뭔가 독창적인 것을 했다면, 그것만으로 그것은 유행할 수 있다. 그것은 표준 유전 이론을 극적으로 무너뜨린다.

그렇긴 해도 유전자가 먼저였다는 것은 분명하다. 진화 역사상 생명체는 거의 언제나 유전자의 통제를 받아 왔다. 문화적 진화가 정확히 언제부터 유전적 진화를 앞질러 나가기 시작했는지 말하기는 어렵다. 각 종, 각 개체군에서 진화 과정의 속도가 제각기 다르기 때문이다. 하지만 문화적 진화가 언제 앞서 나갔는지 모른다고 해서, 유전자가 먼저 있었다고 해서, 과학 연구비를 모두 유전자를 조사하는 데 쏟아 붓고, 문화적 진화를 연구하는 데에는 거의 투자를 하지 말아야 하는 것일까?

유전자 서열을 분석하는 과학자와 문화적 진화를 연구하는 과학자의 수는 비교가 안 될 정도로 차이가 난다. 문화적 진화에 인간 유전체 계획 같은 것이 있을 수 있을까? 지금 당장 그런 계획을 시행한다면 성급할 것이다. 아직 문화의 생물학에는 통일된 이론이 없기 때문이다. 하지만 유전자 서열 분석이 인간의 삶에 깊은 영향을 미치는 것과 마찬가지로, 문화적 행동의 뿌리 이해도 그럴 것이다. 동물들이 왜 지금처럼 행동하는지를 더 깊이 이해할수록, 우리 자신에 대한 이해도 깊어질 것이다. 우리는 그런 연구가 어떤 직접적인 결과를 빚어낼지 구체적으로 예측할 수는 없지만, 그것이 매우 가치 있는 일이 되리라는 것은 확신할 수 있다.

포괄적인 문화적 진화 이론은 대단한 의미를 지니게 될 것이다. 나는 그런 과학 이론이 확립된다면, 아인슈타인의 상대성 이론과 양자장 이론 같은 지난 세기에 물리학에서 이루어진 획

245

기적인 업적이 그랬던 것만큼 우리 종의 역사에 깊은 영향을 미칠 것이라고 믿는다. 21세기 생명 과학은 20세기의 물질 과학이 이룩한 성과를 압도하는 업적들을 내놓을 것이다. 그리고 호모 이미타투스는 우리가 획득한 과학적 성과에 오랜 생명을 부여할 것이다.

옮기고 나서

인간은 모방에 이중적인 태도를 보인다. 특허와 명품을 다룬 기사에서 흔히 볼 수 있듯이 모방은 남의 창의력을 도둑질하는 행동이다. 반면에 유행을 따르고 뛰어난 사람이나 대상을 본받기 위해 애쓴다는 측면에서 보면, 모방은 안심과 즐거움, 계발을 위한 행동이 된다.

이 책은 그런 모방이 인간만의 것이 아님을 보여준다. 단순히 보고 따라하는 수준에서부터 교육에 이르기까지, 동물도 인간처럼 서로를 모방한다고 이야기한다. 그리고 더 나아가 모방이 동물과 인간의 진화에 중요한 역할을 해 왔다는 것을 보여주고 있다.

우리는 머리가 나쁜 동물로 흔히 붕어와 닭을 꼽는다. 그런 동물들은 가르쳐 주어도 금방 잊어버릴 정도로 기억력이 형편없다는 것이다. 하지만 듀거킨은 지능은 모방 능력, 나아가 문화생활 능력과 무관하다고 말한다. 뇌라고 불릴 만한 것을 겨우 갖고 있는 동물들도 모방 능력이 있으며, 그 능력이 문화적 정보 전달 과정을 통해 동물의 번식과 생존에 중요한 역할을 한다고 본다.

듀거킨은 애완용 물고기인 거피에서부터, 렉이라는 공동의 장소에 모여 짝짓기를 하는 새들, 더 나아가 영장류에 이르기까지, 모방과 문화적 전달의 사례를 다루고 있다. 그는 그런 사례를 통해, 문화적 전달 과정이 유전자를 토대로 이루어지는 진화과정과 때로는 협력하기도 하고 때로는 전혀 다른 방향으로 나아가면서, 사회성 동물 진화의 중요한 한 축을 이룬다고 말한다. 즉 원숭이 집단에서 한 세대만에 새로운 기술이 전파되듯이, 문화는 유전자를 토대로 한 진화 과정보다 더 빨리, 유전자와 상반된 방향으로도 진화를 이끌 수 있다고 본다. 그는 현대 인류가 때때로 보이는 부적합한 행동들을 인간의 뇌가 선사 시대에 적응한 뒤 별 변화가 없었다는 진화심리학자들과 달리, 모방과 문화적 전달을 통해 해석한다. 모방이 자신을 파멸로 몰아넣는 부적합한 행동까지 빚어낼 수 있다고 보는 것이다.

듀거킨은 사회성 동물의 진화에 새로운 시각을 덧붙인다. 그리고 그는 모방처럼 과학적 분석과 평가가 어려운 현상들을 조사하는 실험 방법을 제시함으로써, 앞으로 많은 새로운 연구가 이루어질 수 있도록 길을 열고 있다. 문화라는 말과 전혀 어울릴 것 같지 않은 작은 물고기인 거피를 통해서 말이다.

더 읽을 만한 책

찰스 다윈. 1859. 《종의 기원》. (신원 문화사. 2003.4)

찰스 다윈. 1871. 《인간의 유래와 성 선택》

이 두 책은 다윈의 자연선택 진화론을 전체적으로 보여준다. 《인간의 유래와 성 선택》
은 제목에서 드러나듯이, 자연선택이 짝 선택에 어떻게 작용하는가를 집중적으로 다
루고 있다.

G. J. Romanes. 1895. Mental Evolution in Animals. New York: Appleton.

G. J. Romanes. 1898. Animal Intelligence. 7th ed. London: Kegan Paul, Trench, Trubner and Co.

심리학자이자 다윈의 절친한 친구였던 로먼스가 동물의 모방과 지능에 관한 자기 이
론을 설명한 책들. 이 책들은 진화적인 사회 교육 분야의 입문서로 읽히곤 한다.

에드워드 윌슨. 1975. 《사회생물학: 새로운 종합》(민음사. 1993.1)

C. Lumsden and E. O.Wilson. 1981. Genes, Mind and Culture. Cambridge: Harvard University Press.

C. Lumsden and E. O. Wilson. 1983. Promethean Fire. Cambridge: Harvard University Press.

1975년 에드워드 윌슨은 "자연선택 사고 방식"을 행동 형질에 적용함으로써, 행동
진화의 통합 이론을 제시했다. 럼스덴과 윌슨의 《사회생물학》 후속 저작들은 사회생
물학이라는 새로운 분야가 정보의 비유전적인 전달이라는 개념을 어떻게 통합시키는

지 탐구하고 있다.

L. L. Cavalli-Sforza and M. W Feldman. 1981. Cultural Transmission and Evolution: A Quantitative Approach. Princeton, N.J.: Princeton University Press.

두 세계적인 집단유전학자가 문화적 진화를 수학적으로 분석한 이 책은 문화적 전달 뒤에 숨은 진화적 모델들을 다룬 첫 저서다.

R. Boyd and P. J. Richerson. 1985. Culture and the Evolutionary Process. Chicago: University of Chicago Press.

보이드와 리처슨의 이 문화적 진화 관련서는 문화적 전달을 둘러싼 개념적 및 수학적 문제들을 다룬 연구서 중 가장 널리 인용되고 있는 책이다.

T. R. Zentall and B. G. Galef, eds. 1988. Social Learning: Psychological and Biological Perspectives. Hillsdale, N.J.: Erlbaum.

C. M. Heyes and B. G. Galef, eds. 1996. Social Learning in Animals: The Roots of Culture. London: Academic Press.

이 두 책은 다양한 종과 다양한 분야에서 이루어진 동물의 모방과 사회 학습 연구들을 모은 것이다.

M. Andersson. 1994. Sexual Selection. Princeton, N.J.: Princeton University Press.

성 선택 연구의 교과서라 할 만한 책. 2천 번 이상 인용된 이 책은 성 선택을 한눈에 들여다볼 수 있게 한다.

S. Blackmore. 1999. The Meme Machine. Oxford: Oxford University Press.

블랙모어는 리처드 도킨스가 《이기적인 유전자》(1976)에서 처음 만들어낸 문화의 전달 단위를 뜻하는 용어인 밈을 상세히 설명하고 있다.

참고 문헌

1장 문화적 동물

21 멘델의 연구는 에리히 폰 체르마크, 카를 코렌스, 후고 드브리스가 각각 재발견했다. E. Minkoff, 1983, *Evolutionary Biology*, Reading, Mass.: Addison-Wesley.

21 1909년 덴마크 유전학자 W. L. 요한센이 유전자라는 단어를 도입했다(팬진pangen이라는 단어를 줄인 것이다). 그는 그 단어를 "일종의 셈하고 계산하는 단위"로 보았다. W. Johannsen, 1909, *Elemente der Exakten Erblichkeitslehre*, Jena: Gustav Fisher; E. Mayr, 1982, *The Growth of Biological Thought*, Cambridge, Mass.: Harvard University Press.

21 다음 책 참조. C. Darwin, 1868, *The Variation of Animals and Plants Under Domestication*, London: J. Murray.

22 전문 용어로 미립자 유전particulate inheritance이라고 한다.

22 1982년 마이어는 다윈도 미립자 유전 개념을 갖고 있었다는 것을 밝혀냈다. 하지만 역사적으로 볼 때 다윈의 그 이론은 대체로 혼합 유전이라는 말 속에 숨어 있었다.

22 유전자라는 단어가 언제 일상적인 과학 용어가 되었는지 정확히 말하기는 어렵지만, 1930년대 말에서 1940년대 초의 "현대적 종합" 시기라고 보는 편이 합당할 듯하다. 진화생물학, 유전학, 분류학이 공통의 개념을 갖게 된 것이 바로 이 시기이다. J. Huxley, 1942, *Evolution: The Modern Synthesis*, London: Allen and Unwin.

22 유전학과 인간의 행동은 다음 문헌 참조. D. Hamer and P. Copeland, 1998, *Living with Our Genes: Why they Matter More Than You Think*, New York: Doubleday.

23 M. Andersson, 1994, *Sexual Selection*, Princeton, N.J.: Princeton University Press.

24 찰스 다윈이 사망했을 때 로먼스는 다윈의 아들인 프랜시스에게 편지를 보냈다. "세계 역사에서 자신의 위대한 업적이 완성된 것을 알고, 자신의 연구가 사람들의 사고를 변화시키는 것을 보고, 자신의 이름이 영구히 위대한 인물들 속에 남아 있으리라는 것을 내다보면서 죽은 사람이 거의 없었다는 점이, 얼마간 위안이 되는 듯하오." E. Romanes, 1896, *The Life and Letters of George Romanes*, London: Longmans, Green.

24 크뢰버와 클럭혼은 역사학자들과 사회과학자들이 제시한 164가지의 문화 정의를 검토했다.

24 A. L. Kroeber and C. Kluckhohn, 1952, Culture, a critical review of the concepts and definitions, *American Archeology & Ethnology* 47: 1-223.

24 이 정의는 보이드와 리처슨이 《*Culture and Evolutionary Process*, 1985, Chicago: University of Chicago Press》에서 사용한 정의와 비슷하다. "우리는 '문화'라는 말을 행동에 영향을 미치는 지식, 가치, 기타 요인들을 교육과 모방을 통해 다음 세대로 전달한다는 의미로 쓴다."(p. 2) "문화는 학습이나 모방을 통해 당대 사람들로부터 얻는 개인의 표현형에 영향을 미칠 수 있는 정보다."(p. 33)

27 이 이야기는 다음 책에도 실려 있다. David Landes, 1998, *The Wealth and Poverty of Nations*, New York: Norton.

28 Alan. Lill, 1974, Sexual behavior of the lek-forming white bearded manakin(*Manacus manacus trinitatis* Hartert), Zeitschrift für Tierpsychologie 36: 1-36.

30 J. Höglund and R. Alatalo, 1995, Leks, Princeton: Princeton

university press; Andersson, 1994.

30 J. Höglund, R. Alatalo, and A. Lundgren, 1990, Copying the mate choice of others? Observations on female black grouse. *Behaviour* 114 : 221-236; J. Höglund, R. Alatalo, and A. Lundgren, 1995, Mate-choice copying in black grouse, *Animal Behaviour* 49 : 1627-1633.

31 P. Corsi, 1988, *The Age of Lamarck*, Berkeley : University of California Press.

32 사용 여부를 통해 얻은 획득 형질의 유전은 "약한 선택soft selection"이라고도 한다.

33 다윈은 라마르크 연구의 많은 측면들을 비판했지만, 사용 여부에 따른 획득 형질의 유전이 실제 현상이라는 생각을 품고 있었다.(Mayr, 1982).

34 J. Harris, 1998, *The Nature Assumption*, New York : The Free Press.

37 R. Dawkins, 1982, *The Extended Phenotype*, Oxford : Oxford University Press.

38 Robert Boyd, Peter Richerson, Marcus Feldman, Kevin Laland, Luigi Luca Cavalli-Sforza, E. O. Wilson, and Charles Lumsden 같은 사람들을 뜻한다.

39 Boyd and Richerson, 1985, p.4.

40 L. A. Dugatkin, 1996, The interface between culturally-based preferences and genetic preferences : Female mate choice in *Poecilia reticulata, Proceedings of the National Academy of Sciences, U.S.A.* 93 : 2770-2773.

2장 이기적 유전자의 길게 뻗은 팔

44 R. Dawkins, 1976, *The Selfish Gene*, Oxford: Oxford University Press.

45 C. Darwin, 1871, *The Descent of Man and Selection in Relation to Sex*, London: J. Murray.

46 R. Trivers, 1985, Social Evolution, Menlo Park, CA: Benjamin Cummings.

50 이 모델들을 요약한 문헌. M. Kirkpatrick and M. Ryan, 1991, The evolution of mating preferences and the paradox of the lek, *Nature* 350:33-38.

50 T. Price, D. Schluter, & N. E. Heckman, 1993, Sexual selection when the female benefits directly, *Biological Journal of the Linnean Society* 48:187-211.

50 물론 원칙적으로 볼 때, 최고의 자원을 제공하는 수컷을 선택할 수 있는 능력이 반드시 진정한 의미에서 유전자와 관련이 있을 필요는 없지만, 직접 혜택 모델은 그렇다고 가정한다. 한 예로 그 주제를 다룬 널리 쓰이는 대학원 교재인 *Behavioral Ecology* (J. Krebs and N. Davies, eds., 1997, Blackwell Science, 4th ed.)에서 마이클 라이언(p. 183)은 암컷의 생존이나 번식 능력에 영향을 미치는 "짝 선택 유전자"를 이야기하고 있다.

50 암컷의 짝 선택의 직접 혜택 모델은 앤더슨의 1994년 책 8장 참조.

51 R. Thornhill and J. Alcock, 1983, *The Evolution of Insect Mating Systems*, Cambridge, Mass.: Harvard University Press pp.367-373; R. Thornhill, 1976, Sexual selection and nuptial feeding behavior in *Bittacus apicalis, American Naturalist* 110:529-548; R.Thornhill, 1980a, Mate choice in *Hylobittacus apicalis* and its relation to some models of female choice, *Evolution* 34:519-538; and R. Thornhill, 1980b, Sexual selection in the black-tipped hangingfly, *Scientific American*

242:162-172.

53 E. L. Kessel, 1955, The mating activities of balloon flies, *Systematic Zoology* 4:97-104; J. M. Cumming, 1994, Sexual selection and the evolution of dance fly mating systems, *Canadian Entomologist* 126:907-920; M. W. Will and S. K. Sakaluk, 1994, Courtship feeding in decorated crickets: Is the spermato-phylax a sham? *Animal Behavior* 48:1309-1315.

53 A. P. Møller, 1994, *Sexual Selection and the Barn Swallow*, Oxford: Oxford University Press.

53 Møller, 1994, p.61.

54 Møller, 1994; A. P. Møller, 1990, Effects of parasitism by the haematophagous mite *Ornithonyssus bursa* on reproduction in the barn swallow *Hirundo rustica*, *Ecology* 71:2345-2357.

54 암컷이 좋은 유전자를 지닌 수컷과 짝짓기를 하는 것일 있지만, 그렇다고 해도 기생 생물에 덜 감염된 수컷으로부터 상당한 직접적인 혜택이 돌아온다.

55 일찍이 1915년부터 R. A. Fisher는 암컷 짝 선택의 "좋은 유전자" 모델을 정립하기 시작했다. R. A. Fisher, 1915, The evolution of sexual preference, *Eugenics Review* 7:184-192.

57 A. Zahavi, 1997, *The Handicap Principle*, New York Oxford University Press; A. Zahavi, 1975, Mate selection – a selection for a handicap, *Journal of Theoretical Biology* 53:205-214.

58 윌리엄 해밀턴과 멀린 주크가 처음 제기했기에 해밀턴-주크 가설로 알려져 있다. W. D. Hamilton and M. Zuk, 1982, Heritable true fitness and bright birds: A role for parasites, *Science* 218:384-387.

58 상반되는 연구 결과들도 있다. Zahavi(1997) 참조.

58 해밀턴-주크 가설은 다른 예측들도 내놓고 있으며, 이런 예측들도 많은 연구들을 통해 뒷받침되는 양상을 보인다.

58 J.-G. Godin and L. A. Dugatkin, 1997, Female mating preference for bold males in the guppy, *Poecilia reticulata*, *Proceedings of the National Academy of Sciences U.S.A.* 93:10262-10267.

59. T. J. Pitcher, D. A. Green, and A. E. Magurran, 1986, Dicing with death: predator inspection behavior in minnow shoals, *Journal of Fish Biology* 28:439-448; L. A. Dugatkin, 1997, *Cooperation Among Animals: An Evolutionary Pers-pective*, New York: Oxford University Press; L. A. Dugatkin, 1999, *Cheating Monkeys and Citizen Bees: The Nature of Cooperation in Animals and Humans*, New York: The Free Press.

63 D. Berreby, 1998, Studies explore love and the sweaty T-shirt, *New York Times*, June 9, p. B14.

63 감염을 막기 위해 실험 시작 전 두 주일 동안 실험 대상 여성들의 코에 분무액을 뿌렸으며, 냄새가 중요하다는 점에 관심을 갖도록 하기 위해 패트릭 서스카인드의 새 향수를 각자에게 나눠주었다.

63 다소 예상외로, 베데킨트는 구강 피임약을 먹은 여성들이 비슷한 MHC를 가진 남성의 냄새를 좋아한다는 것을 발견했다.

63 R. A. Fisher, 1958, *The Genetical Theory of Natural Selection*, New York: Dover; P. O' Donald, 1980, *Genetic Models of Sexual Selection*, Cambridge: Cambridge University Press; Kirkpatrick, 1982, Sexual selection and the evolution of female choice, *Evolution* 36:1-12.

64 G. S. Wilkinson, 1993, Artificial sexual selection alters allometry in the stalk-eyed fly *Cyrtodiopsis dalmanni* (Diptera: Diopsidae), *Genetical Research Camb.* 62:213-222; G. S. Wilkinson and P. Reillo, 1994, Female choice response to artificial selection on an exaggerated male trait in a stalk-eyed fly, *Proceedings of the Royal Society of London* B 255:1-6.

65 A. E. Houde, 1992, Sex-linked heritability of a sexually selected character in a natural population of *Poecilia reticulata*, *Heredity* 69 : 229-235.

65 상관관계를 조사한 초기의 연구는 적어도 그런 유전적 연관이 있을 수 있다는 것을 보여주었다. A. E. Houde and J. A. Endler, 1990, Correlated evolution of female mating preference and male color pattern in the guppy, *Poecilia reticulata*, *Science* 248 : 1405-1408.

66 A. E. Houde, 1994, Effect of artificial selection on male colour patterns on mating preference of female guppies. *Proceedings of the Royal Society of London* B 256 : 125-130.

66 F. Breden and K. Hornaday, 1994, Test of indirect models of selection in the Trinidad guppy, *Heredity* 73 : 291-297.

66 이런 연구들이 각기 다른 결과들을 내놓은 데는 수많은 이유들이 있다. F. Breden, H. C. Gerhardt, and R. Butline, 1994, Female choice and genetic correlations, *Trends in Ecology and Evolution* 9 : 343.

66 "지각 편향" 모델 또는 "지각 충동" 모델이라고도 불린다.

66 M. J. Ryan, 1990, Sexual selection, sensory systems and sensory exploitation. *Oxford Surveys in Evolutionary Biology* 7 : 157-195; M. J. Ryan, 1998, Sexual selection, receiver biases, and the evolution of sex differences, *Science* 281 : 1999-2003; M. J. Ryan and A. Keddy-Hector, 1992, Directional patterns of female mate choice and the role of sensory biases, *American Naturalist*, 139 : s4-s35; J. Endler, 1992, Signals, signal conditions and the direction of evolution, *American Naturalist*, 139 : s125-s153; J. Endler and T. McLellan, 1988, The process of evolution: Toward a newer synthesis, *Annual Review of Ecology and Systematics* 19 : 395-421. 《American Naturalist》 특집호 139권도 참조. 이 특집호는 지

각 편향 모델들을 다루고 있다.

67 커크패트릭과 라이언(1991)의 설명에 따름.

68 A. Basolo, 1990, Female preference predates the evolution of the sword in swordfish. *Science* 250: 808-811; 1995a, A further examination of a pre-existing bias favouring a sword in the genus *Xiphoporus, Animal Behavior* 50: 365-375; 1995b, Phylogenetic evidence for the role of a pre-existing bias in sexual selection, *Proceddings of the Royal Society of London* 259:307-311.

68 비록 논란이 있긴 하지만, 칼꼬리고기와 플라티고기가 진화적으로 갈라진 다음에 칼이 진화한 것이라고 말하는 계통학적 연구 결과들도 있다. A. Meyer, J. M. Morrissey, & M. Schartl, 1994, Recurrent origin of a sexually selected trait in *Xiphophorus* fishes inferred from a molecular phylogeny, *Nature* 368:539-542; Basolo, 1990; R. Borowsky, M. McClelland, R. Cheng, and J. Welsh, 1995, Arbitrarily primed DNA fingerprinting for phylogenetic reconstruction in vertebrates; the *Xiphophorus* model. *Molecular Biology and Evolution* 12:1022-1032.

68 아마 긴 꼬리가 수컷을 전반적으로 더 커 보이게 만들기 때문인 듯하다. G. Rosenthal and C. Evans, 1998, Female preference for swords in *Xiphophorus helleri* reflects a bias for large apparent size. *Proceedings of the National Academy of Sciences, U.S.A.* 95:4431-4436.

68 M. J. Ryan and A. S. Rand, 1993, Sexual Selection and signal evolution: The ghost of biases past, *Philosophical Transactions of the Royal Society of London* 340:187-195.

68 M. Ryan, 1985, *The Tungara Frog, a Study in Sexual selection and Communication*, Chicago: University of Chicago Press.

71 Andersson, 1994.

71 M Kirkpatrick and L. A. Dugatkin, 1994, Sexual selection and the evolutionary effects of mate copying, *Behavioral Ecology and Sociobiology* 34:443-449; K. N. Laland, 1994a, On the evolutionary consequences of sexual imprinting, *Evolution* 48:477-489; K. N. Laland, 1994b, Sexual selection with a culturally transmitted mating preference, *Theoretical Population Biology* 45:1-15. Also see Richerson and Boyd, 1989, for an earlier version of mate-copying models: The role of evolved predispositions in cultural evolution, Or, Human sociobiology meets Pascal's wager, *Ethology and Socio-biology* 10:195-219.

3장 거피의 사랑

75 L. A. Dugatkin, 1997, *Cooperation Among Animals: An Evolutionary Perspective*, New York: Oxford University Press; L. A. Dugatkin, 1999, *Cheating Monkeys and Citizen Bees: The Nature of Cooperation in Animals and Humans*, New York: The Free Press.

76 과일파리를 제외한다면.

76 A. E. Houde, 1997, *Sex, Color and Mate Choice in Guppies*, Princeton, N.J.: Princeton University Press.

77 L. A. Dugatkin, 1990, Sexual selection and imitation: Females copy the mate choice of others, *American Naturalist* 139:1384-1389.

83 L. A. Dugatkin and J.-G. Godin, 1993, Female mate copying in the guppy, *Poecilia reticulata*: age dependent effects, *Behavioral Ecology* 4:289-292.

84 Houde, 1997.

85 L. A. Dugatkin and J.-G. Godin, 1992, Reversal of female mate choice by copying in the guppy (*Poecilia reticulata*), *Proceedings of the Royal Society of London* B249:179-184

86 J. W. A. Grant, and L. D. Green, 1995, Mate copying versus preference for actively courting males by female Japanese medaka (*Oryzias latipes*), *Behavioral Ecology* 7:165-167; K. Witte and M. Ryan, 1998, Male body length influences mate-choice copying in the sailfin molly, *Poecilia latipinna*, *Behavioral Ecology* 9:534-539.

86 I. Schlupp and M. Ryan, 1997, Male sailfin mollies(*Poecilia latipinna*) copy the mate choice of other males, *Behavioral Ecology* 8:104-107.

86 S. G. Pruett-Jones, 1992, Independent versus non-independent mate choice: Do females copy each other? *American Naturalist* 140:1000-1009.

87 여기에서 관찰은 시각만이 아니라, 짝짓기가 일어난다는 것을 알게 해주는 모든 감각을 뜻한다.

87 L. A. Dugatkin, 1996, Copying and mate choice, in C. M. Heyes and B. G. Galef, eds., *Social Learning in Animals: The Roots of Culture*, New York; Academic Press.

88 T. H. Clutton-Brock, M. Hiraiwa-Hasegawa and A Robertson, 1989, Mate choice on fallow deer leks, *Nature* 340: 463-465.

89 T. H. Clutton-Brock and K. McComb, 1993, Experimental tests of copying and mate choice in follow deer(*Dama dama*), *Behavioral Ecology* 4: 191-193; K. McComb and T. H. Clutton-Brock, 1994, Is mate choice copying or aggregation responsible for skewed distributions of females on leks? *Proceedings of the Royal Society of London* B 255:13-19.

90 L. A. Dugatkin and G. FitzGerald, 1997, Sexual selection, in

J.-G Godin and G. J. FitzGerald, eds., Behavioral Ecology of Teleost Fishes, Oxford: Oxford University Press; L. M. Unger and R. C. Sargent, 1988, Alloparental care in the fathead minnow, *Pimephales promelas*: Females prefer males with eggs. *Behavioral Ecology and Sociobiology* 23:27-32.

90 I. G. Jamieson and P. W. Colgan, 1989, Eggs in the nests of males and their effect on mate choice in the three spined stikleback, *Animal Behaviour* 38:859-865. 하지만 큰가시고기의 일종인 *Gasterosteus aculeatus*는 그렇지 않다는 연구도 있다. T. Goldschmidt, T. C. Bakker, and E. Feuth-De Bruijn, 1993, Selective copying in mate choice of female stickle-backs, *Animal Behaviour* 45:541-547.

92 S. Rohwer, 1978, Parental cannibalism of offspring and egg raiding as a courtship strategy, *American Naturalist* 112:429-440.

95 여기서는 알들이 무작위로 분포하고 포식자가 무작위로 둥지를 덮친 다고 가정하자.

93 S. M. Shuster and M. J. Wade, 1991, Female copying and sexual selection in a marine isopod crustacean, *Paracerceis sculpta*, *Animal Behaviour* 42:1071-1078.

93 유전자를 토대로 할 때 수컷은 알파, 베타, 감마 세 가지 형태를 가진 다. 알파 수컷은 번식지 영토를 수호하며, 베타 수컷은 암컷과 함께 새끼를 돌보며, 몸집이 작은 감마 수컷은 다른 수컷의 영토로 침입해 정자 경쟁을 한다. S. M. Shuster, 1987, Alternative reproductive behaviors: Three distinct male morphs in *Paracerceis sculpta*, an intertidal isopod from the northern gulf of Mexico, *Journal of Crustacean Biology* 7:318-327; S. M. Shuster, 1989, Female sexual receptivity associated with molt-ing and differences in copulatory behaviour among the three male morphs in *Paracerceis sculpta*, *Biological Bullentin* 117:331-337.

94 R. Keister, 1979, Conspecifics as cues: A mechanism for habitat selection in the Panamanian grass anole(*Anolis auratus*), *Behavioral Ecology and Sociobiology* 5: 323-330.

95 렉에서 각 영토가 자원을 제공하는지, 어떤 영토가 더 안전한지 같은 내용은 다음 문헌 참조. J. Höglund and R. Alatalo, 1995, *Leks*, Princeton, N.J.: Princeton University Press.

96 산쑥들꿩의 모방 연구는 다음 문헌 참조. J. W. Bradbury and R. M. Gibson, 1983, Leks and mate choice, in P. Bateson, ed., *Mate Choice*, Cambridge: Cambridge University Press; J. W. Bradbury et al., 1985, Leks and the unanimity of female choice, in P. J. Greenwood, P. H. Harvey, and M. Slakin, eds., *Essays in Honour of John Maynard Smith*, Cambridge: Cambrigde University Press.

96 R. M. Gibson et al., 1991, Mate choice in lekking sage grouse: The roles of vocal display, female site fidelity and copying, *Behavioral Ecology* 2: 165-180. Laboratory studies on sage grouse show that observing another female copulate is essential for copying to occur. M. Spurrier, M. Boyce, and F. Bryan, 1994, Lek behavior in captive sage grouse, *Centrcercus urophasianus, Animal Behaviour* 47: 303-310.

98 Höglund and Alatalo, 1995. For laboratory evidence of mate copying in other (probably non-lekking) birds, see B. G. Galef and D. J. White, 1998, Mate-choice copying in Japanese quail, *Coturnix cotturnix japonica, Animal Behaviour* 55, 545-552.

99 P. Fiske, J. A. Kalas, and S. Saether, 1996, Do female great snipe copy each other's mate choice? *Animal Behaviour* 51: 1355-1362; T. Slagsvold and H. Viljugrein, 1999, Mate choice copying versus preference for actively courting males by pied flycatchers, *Animal Behaviour* 57, 679-686.

104 D. M. Buss, 1989, Sex differences in human mate prefer-
ence: Evolutionary hypotheses tested in 37 cultures, *Be-
havioral Brain Sciences* 12:1-49; D. Buss, 1994, *The Evolu-
tion of Desire*, New york: Basic Books.

104 P. Slater, L. Eales, and N. Clayton, 1988, Song learning in
zebra finches: Progress and prospects, *Advances in the Study
of Behavior* 18:1-33; D. Kroodsma and E. Miller, eds., 1982,
Acoustic Communication in Birds, New York: Academic
Press; P. Marler and P. Mundinger, 1971, Vocal learning in
birds, in H. Moltz, ed., *Ontogeny of Vertebrate Behavior*,
New York: Academic Press; P. Maler and S. Peters, 1982,
Long-term storage of stored bird songs prior to production,
Developmental Psychobiology 15:369-378.

105 T. Freeberg, 1996, Assortative mating in captive cowbirds is
predicted by social experience, *Animal Behavior* 52:1129-
1142; T. Freeberg, 1998, The cultural transmission of
courtship patterns in cowbirds, *Molothrus ater, Animal
Behaviour* 56:1063-1073; M. West et al., 1983, Cultural
transmission of cowbird (*Molothrus ater*) song: Measuring its
development and outcome, *Journal of Comparative
Psychology* 97:327-337; D. Eastzer, A. King, and M. West
1985, Patterns of courtship between cowbird subspecies:
Evidence for positive assortment, *Animal Behaviour* 33:30-
39: T. Freeberg, A. King, and M. West, 1995, Social malle-
ability in cowbirds (*Molothrus ater artemisiae*): species and
mate recognition in the first two years of life, *Journal of
Comparative Psychology*, 109:357-367.

107 SD/SD/SD 집단과 SD/SD/IN 집단은 둘씩 있다. 실험을 할 때는
SD/SD/SD1 집단의 암컷들을 SD/SD/SD2 집단의 수컷들과 함께
놓는 식으로 조합을 했다.

109 다윈의 핀치 중 한 종(*Geospiza fortis*)도 새의 노래가 여러 세대에

걸쳐 전달된다는 것을 보여주는 매혹적인 사례이다. 이 종에서는 노래가 할아버지에게서 손자로 전해지며, 암컷은 자기 아비와 비슷한 노래를 부르는 수컷과는 짝짓기를 피한다. B. R. Grant and P. R. Grant, 1996, Cultural inheritance of song and its role in the evolution of Darwin's finches, *Evolution* 50: 2471-2487.

4장 문화의 의미

112 T. Kuhn, 1962, *The Structure of Scientific Revolutions*, Chicago: University of Chicago Press.

112 A. L. Kroeber and C. Kluckhohn, 1952, Culture, a critical review of the concepts and definitions, *American Archeology & Ethnology* 47, 1-223.

112 R. Boyd and P. Richerson, 1985, *Culture and the Evolutionary Process*, Chicago: University of Chicago Press, p.33. 이 정의는 존 보너가 자기 책에서 제시한 정의와 크게 다르지 않다. 보너는 이렇게 썼다. "나는 문화라는 말을 행동을 통한 정보 전달, 특히 교육과 학습 과정을 통한 정보 전달이라는 의미로 쓴다." John Bonner, 1980, *The Evolution of culture in Animals*, Princeton, N.J.: Princeton University Press.

114 이 수치는 연구마다 다르지만, 대개 75-90퍼센트 사이이다.

116 Boyd and Richerson, 1985. 그들은 개인적 및 사회적 학습의 상호 작용이 문화적 전달을 형성하는 데 어떤 영향을 미치는지 상세히 써놓았다.

118 T. D. Johnstone, 1982, The selective costs and benefits of learning, *Advances in the Study of Behavior* 12: 65-106; S. J. Shettleworth, 1984, Learning and behavioral ecology, in J. Krebs and N. Davies, eds., *Behavioural Ecology*, Oxford: Blackwell Scientific; R. Balda, I. Pepperberg, and A. Kamil,

eds., 1998, *Animal Cognition in Nature*, San Diego: Academic Press; R. Dukas, ed., 1998, *Cognitive Ecology*, Chicago: University of Chicago Press; S. Shettleorth, 1998, *Cognition, Evolution and Behavior*, New York: Oxford University Press.

119 D. Stephens, 1991, Change, regularity and value in the evolution of learning, *Behavioral Ecology* 2: 77-89.

119 스티븐스(1991)가 자신의 모델이 "학습을 의미 있게 논의할 수 있도록 해주는 가장 단순한 가정들을 포함하는" 것이라고 말하고 있긴 하지만, 사실 그 모델은 당신이 수학에 통달한 사람일 때에만 단순해 보인다. 가령 스티븐스는 결과를 서술한 부분에서 이렇게 적고 있다. "마르코프 사슬 중 한 상황에서 각기 다른 방정식 12가지의 장기 역학을 연구할 때의 한 가지 문제는 …" 나는 몇 개밖에 안 되는 수학 모델을 다루지만, 그것이 단순하다고는 생각하지 않는다.

120 그 탁자는 스티븐스 모델의 극단적인 사례를 매우 쉽게 요약하고 있지만, 세대간 그리고 일생 동안의 예측 가능성의 중간 값을 평가하지는 못한다.

122 보이드와 리처슨(1985)은 독자들이 수식이나 문장 중 원하는 쪽을 읽도록, 본문 옆에 따로 "상자 글" 형식으로 수식을 표시해 두었다.

123 R. M. Gibson and J. Höglund, 1992, Copying and sexual selection, *Trends in Ecology and Evolution* 7: 229-232.

125 D. Lendram, 1986, *Modeling in Behavioral Ecology*, Portland, Ore: Timber Press; M. Mangel and C. Clark, 1988, *Dynamic Modeling in behavioral Ecology*, Princeton, N. J.: Princeton University Press; J. Krebs, and N. Davies, eds., 1997, *Behavioural Ecology: An Evolutionary Approach*, 4th edition, Sunderland, Mass.: Sinauer Associates; L. A. Dugatkin and H. K. Reeve, eds., 1998, *Game Theory and Animal Behavior*, Oxford: Oxford University Press.

126 브래드버리, 베렌캠프, 깁슨은 암컷들이 각기 독자적으로 짝을 선택한다는 것만으로는 렉 번식 종에서 흔히 볼 수 있는 수컷들의 심한

번식 성공률 차이를 설명할 수 없다는 것을 알아차렸다. J. W. Bradbury, S. L. Vehrencamp, and R. Gibson, 1985, Leks and the unanimity of female choice. In P. J. Greenwood, P. H. Harvey, and M. Slatkin, eds., *Essays in Honour of John Maynard Smith*, Cambridge: Cambridge University Press.

126 M. J. Wade and S. G. Pruett-Jones, 1990, Female copying increases the variance in male-mating success, *Proceedings of the National Academy of Sciences USA* 87: 5749-5753.

126 Ibid., p. 5751.

127 "수컷들의 수가 많고 성비가 거의 맞을 때, 암컷이 모방을 하는지를 보여주는 간단하고 예민한 조사 방법이 있다. 첫째, 수컷들의 짝짓기 비율 관찰 결과와 무작위적으로 짝짓기를 했을 때(이항 분포)의 예측 결과를 비교하면 무작위적인 짝짓기가 일어나는지 여부를 검사할 수 있다. 둘째, 관찰한 짝짓기를 한 수컷과 짝짓기를 못한 수컷의 비율 s(모방 매개 변수)를 계산한다. 이 비율은 암컷의 모방이 무작위적이지 않은 짝짓기를 빚어내는 유일한 요인이라고 가정함으로써, 무작위적일 때의 예측 값과 관찰한 값의 편차를 낳는 암컷의 모방이 어느 정도인지 추정한다." Wade and Pruett-Jones, 1990, p. 5751. 이 방법은 다음 연구에서도 사용되었다. S. M. Shuster and M. J. Wade, 1991, Female copying and sexual selection in a marine isopod crustacean, *Paracerceis sculpta, Animal Behaviour* 42: 1071-1078. 이 모델은 암컷들이 실제 수컷이 짝짓기를 하는 모습을 관찰해야 한다고 전제하지 않으며, 단지 수컷의 이전 성공이 현재의 짝짓기 확률에 영향을 미친다고 말할 뿐이다. 즉 이 모델은 암컷이 짝짓기를 하는 모습을 지켜보지 않았다 해도 적용할 수 있다.

127 J. Maynard Smith, 1982, *Evolution and the Theory of Games*, Cambridge: Cambridge University Press; Dugatkin and Reeve, 1998.

129 G. S. Losey, F. G. Stanton, Jr., T. M. Telecky, W. A. Tyler

III, and Zoology 691 Graduate Seminar Class, 1986, Copying others, an evolutionarily stable strategy for mate choice: A model. *American Naturalist* 128: 653-664.

129 S. Bikhchandani, D. Hirshleifer, and I. Welch, 1992, A theory of fads, fashion custom and cultural change as information cascades, *Journal of Political Economy* 100: 992-1026; D. Hirshleifer, 1995, The Blind leading the blind: Social influence, fads, and information cascades, in K. Ieurulli and M. Tommasi, eds., *The New Economics of Human Behaviour*, New York: Cambridge University Press; S. Bikhchandani, D. Hirshleifer, and I. Welch, 1998, Learning from the behavior of others: Conformity, fads, and informational cascades, *Journal of Economic Perspectives* 12: 151-170.

130 문화적 전달의 게임 이론 모델들은 다음 문헌 참조. C. Findlay, C. Lumsden and R. Hansell, 1989, Behavioral evolution and biocultural games: Vertical cultural transmission, *Proceedings of the National Academy of Science* 86: 568-572; C. S. Findlay, R. I. C. Hansell, and C. Lumsden, 1989, Behavioral evolution and biocultural games: Oblique and horizontal cultural transmission, *Journal of Theoretical Biology* 137: 245-269; A. Marks, J. C. Deutsch, and T. Clutton-Brock, 1994, Stochastic influences, female copying and the intensity of sexual selection on leks, *Journal of Theoretical Biology* 170: 159-162; L. A. Dugatkin and J. Höglund, 1995, Delayed breeding and the evolution of mate copying in lekking species, *Journal of Theoretical Biology* 39: 215-218.

130 M. Kirkpatrick and L. A. Dugatkin, 1994, Sexual selection and the evolutionary effects of mate copying, *Behavioral Ecology and Sociobiology* 34: 443-449.

131 문화적 전달의 집단 유전 모델은 다음 문헌 참조. Boyd and Richerson, 1985; P. Richerson and R. Boyd, 1989, The role of

evolved predispositions in cultural evolution or, Human sociobiology meets Pascal's wager, *Ethology and Sociobiology* 10: 195-219; K. Aoki, 1989, A sexual-selection model for the evolution of imitative learning of song in polygynous birds, *American Naturalist* 134: 599-612; K. Aoki, 1990, A shifting balance type model for the orgin of cultural transmission, in N. Takahata and J. F. Crow, eds., *Population Biology of Genes and Molecules*, Tokyo: Baifukan; C. Findlay, 1991, The fundamental theorem of natural selection under gene-culture transmission, *Proceedings of the Natural Academy of Sciences* 88: 4874-4876; K. N. Laland, 1994, On the evolutionary consequences of sexual imprinting, Evolution 48: 477-489; K. N. Laland , 1994, Sexual selection with a culturally transmitted mating preference, *Theoretical Population Biology* 45: 1-15 ; M. R. Servedio and M. Kirkpatrick, 1996, The evolution of mate choice copying by indirect selection, *American Naturalist* 148: 848-867.

133 더 나아가 주디스 해리스는 《양육 가정 (New York: The Free Press, 1998)》에서 부모가 유전자를 통해 아이들에게 기여를 하지만, 그 뒤에는 부모가 아니라 또래가 아이의 개성을 형성하는 데 가장 큰 영향을 미친다(좋든 나쁘든)고 주장한다.

133 수직, 사선, 수평 전달은 다음 문헌 참조. L. L. Cavalli-Sforza and M. W. Feldman, 1981, *Cultural Transmission and Evolution*: *A Quantitative Approach, Princeton*, N. J. Princeton University Press.

135 Boyd and Richerson, 1985, p. 269; W. Bascom, 1948 Ponape prestige economy, *Southwestern Journal of Anthropology* 4: 211-221.

137 Bascom, 1948.

138 D. R. Vining, 1986, Social versus reproductive success: The

central theoretical problem of human sociobiology, *Behavioral and Brain Sciences* 9: 167-216.

139 R. B. Zajonc, 1976, Family configuration and intelligence, *Science* 192:227-236.

5장 다시 밈으로

145 C. Lumsden and E. O. Wilson, 1981, *Genes, Mind and Culture*, Cambridge: Harvard University Press; F. Cloak, 1975, Is cultural ethology possible? *Human Ecology* 3: 161-182; L. L. Cavalli-Sforza and M. W. Feldman, 1981, *Cultural Transmission and Evolution: A Quantitative Approach*, Princeton, N. J.: Princeton University Press.

145 R. Dawkins, 1976, 1989, *The Selfish Gene*, 1st and 2nd eds., Oxford: Oxford University Press; R. Dawkins 1982, *The Extended Phenotype*, Oxford: Oxford University Press; D. C. Dennett, 1991, *Consciousness Explained*, Boston: Little, Brown; R. Brodie, 1996, *Virus of the Mind : The New Science of the Meme*. Seattle: Integral Press; A. Lynch, 1996, *Thought Contagion*, New York: Basic Books; R. Dawkins, 1998, *Unweaving the Rainbow*, Boston: Houghton Mifflin; S. Blackmore, 1999, *The Meme Machine*, Oxford: Oxford University Press.

145 Dawkins, 1976, p. 206.

145 Oxford University Dictionary.

145 *Journal of Memetics*(http://www.cpm.mmu.ac.uk/jomem-it).

146 Dawkins, 1982, p. 109.

146 Blackmore, 1999, p. 43.

146 도킨스의 공식 정의. Dawkins, 1982.

147 Journal of Memetics(http://www. cpm.mmu.ac.ukjomemit);
Brodie, 1996; Lynch, 1996; Blackmore, 1999.

147 http://pespmc 1. vub. ac. be/ memlex.html.

147 Dawkins, 1976.

147 Blackmore, 1999, p.xvi

151 Dawkins, 1982, p. 110.

152 D. M. Buss, 1989, Sex differences in human mate prefer-
ences: Evolutionary hypotheses tested in 37 cultures,
Behavioral and Brain Sciences 12:1-49; D. Buss, 1994, *The
Evolution of Desire*, New York: Basic Books.

153 J. H. Barkow, L. Cosmides, and J Tooby, eds., 1992, *The
Adapted Mind: Evolutionary Psychology and the Generation of
Culture*, New York: Oxford University Press; D. Buss, 1999,
Evolutionary Psychology, Boston : Allyn and Bacon.

153 L. Cosmides, J. Tooby, and J. Barkow, 1992, Introduction:
Evolutionary psychology and conceptual intergration, in their
*The Adapted Mind: Evolutionary Psychology and the
Generation of Culture*, New York ; Oxford University Press.

154 그 분야 전체의 입장에서 보면 당연히 과장된 견해이지만, 그 분야
가 채택한 기본 입장과 크게 다르지 않다.

156 Cosmides, Tooby, and Barkow, 1992.

156 J. Tooby and L. Cosmides, 1989, Evolutionary psychology
and the generation of culture, Part I; Theoretical considera-
tions, *Ethology and Sociobiology* 10: 29-49; 10: 29-49; L.
Cosmides and J. Tooby, 1989, Evolutionary psychology and
the generation of culture, Part II: Case study: A computa-

tional theory of social exchange, *Ethology and Sociobiology* 10: 51-98.

159 Blackmore, 1999, p. 22.

159 Ibid., p. 3.

159 Ibid., p. 50.

159 Ibid., p. 35.

159 Ibid., p. xii.

159 《밈 기계》에 동물들이 밈을 지니고 있지 않다는 말이 곳곳에 있음에도, 블랙모어는 이 규칙의 예외 사례가 하나 있다고 주장한다. 그녀는 밈이 새의 노래에 들어 있다고 믿는다. 그녀는 그것이 진정한 모방이라고 주장한다.

160 C. Heyes, 1996, Introduction: Identifying and defining imitation, in C. M. Heyes and B. G. Galef, eds., *Social Learning in Animals: The Roots of Culture*, New York: Academic Press.

160 Blackmore, 1999, p. 52.

160 Ibid., p. 7.

163 E. Curio, U. Ernest, and W. Vieth, 1978, Cultural transmission of enemy recognition: One function of mobbing, *Science* 202: 899-901.

164 밈과 지위의 중요성은 다음 문헌 참조. Blackmore, 1999.

164 푸른박새와 우유병 논의에 비춰볼 때, 나는 블랙모어가 "대머리새는 포식자이다"를 밈으로 여기지 않으리라고 생각한다. 이유는 노랑부리검은지빠귀가 겁을 집어먹는 법을 이미 알고 있었다고 주장할 수 있기 때문이다. 쿠리오 연구진은 단지 무엇에 겁을 집어먹는가를 보여주었을 뿐이니까. 하지만 나는 "대머리새는 포식자이다"가 복제 인자가 충족시켜야 할 모든 기준을 충족시킨다는 것 자체가 중요하다고 생각한다.

271

164 나는 트리니다드의 하천들에서도 실험실에서만큼 쉽게 이 가상의
실험을 할 수 있었다. 통제된 환경보다 그쪽이 더 상상하기가 쉽다
고 느껴졌다.

165 Dawkins, 1976, page 206.

6장 당신이 내 반쪽인가요?

170 L. A. Dugatkin, 1996, The interface between culturally-based
preferences and genetic preferences: Female mate choice in
*Poecilia reticulata, Proceedings of the National Academy of
Sciences*, U. S. A. 93: 2770-2773.

171 R. Weiss, 1996, Guppy or yuppie, looks aren't everything.
Washington Post, April 29, 1996, p. A3.

173 L. A. Dugatkin, 1998, Genes, copying and female mate
choice: Shifting thresholds, *Behavioral Ecology* 9: 323-327.

175 C. Marler and M. Ryan, 1997, Origin and maintenance of a
female mating preference. *Evolution* 51: 1244-1248. For
more on the general nature of female preference for large
males, see M. J. Ryan and A. Keddy-Hector, 1992,
Directional patterns of female mate choice and the role
sensory biases, *American Naturalist* 139: s4-s35.

176 K. Witte and M. Ryan, 1998, Male body length influences
mate-choice copying in the sailfin molly, *Poecilia latipinna,
Behavioral Ecology* 9: 534-539.

176 나는 "암컷을 밀어냈다" 같은 표현을 즐겨 쓴다. 문학적 취향 때문
이 아니라, 그 말이 그 뒤에 어떤 일이 벌어질지를 극적으로 암시하
기 때문이다.

177 I. Schlupp, C. Marler, and M. Ryan, 1994, Males benefit by

mating with heterospecific females, *Science* 263 : 373-374.

179 H. Whitehead, 1998, Cultural selection and genetic diversity in matrilineal whales, *Science* 82 : 1708-1711.

182 화이트헤드는 이것이 돌연변이율이나, 집단 크기나, 한 세대의 길이 차이 때문이 아니라는 것을 알아차렸다.

182 L. Vigilant, M. Stoneking, H. Harpending, K. Hawkes, and A. Wilson, 1991, African popurations and the evolution of human mitochondrial DNA, *Science* 253 : 1503-1507.

183 J. Weiner, 1995, *The Beak of the Finch : A Story of Evolution in Our Time*, New York : Vintage Books; B. R. Grant and P. Grant and P. Grant, 1989, *Evolutionary Dynamics of a Natural Popolation*, Chicago : University of Chicago Press; P. R. Grant, 1991, Natural selection and Darwin's finches, Scientific American 265;82-87.

183 B. R. Grant and P. R. Grant, 1996, Cultural inheritance of song and its role in the evolution of Darwin's finches, *Evolution* 50 : 2471-2487.

183 P. R. Grant, 1994, Population variation and hybridization : Comparison of finches from two archipelagos, *Evolutionary Ecology* 8 : 598-617.

185 P. R. Grant and B. R. Grant, 1994, Phenotypic and genetic effects of hybridization in Darwin' s finches, *Evolution* 48 : 297-316.

185 B. R. Grant and P. R. Grant, 1993, Evolution of Darwin's finches caused by a rare climatic event, *Proceedings of the Royal Society of London* 251 : 111-117.

185 선인장핀치 90마리와 땅핀치 392마리.

185 이 장벽은 "샐" 수 있다. 종 인지가 지닌 의미는 다음 문헌 참조. Grant and Grant, 1996.

186 W. M. Shields, 1982, Philopatry, *Inbreeding, and the Evolution of Sex*, Albany: State University of Albany Press; N. W. Thornhill, 1991, An evolutionary analysis of rules regulating human inbreeding and marriage, *Behavioral and Brain Science* 14: 247-293; N. W.Thornhill, ed., 1993, *The Natural History of Inbreeding and Outbreeding: Theoretical and Empirical Perspectives*, Chicago: University of Chicago Press.

187 A. P. Møller and J. P. Swoller, 1997, *Developmental Stability and Evolution*, Oxford: Oxford University Press. For a more concise review, see A. P. Moller and R. Thorn-hill, 1998, Bilateral symmetry and sexual selection: A meta- analysis, *American Naturalist* 151: 174-192.

188 대개 연구자들은 점수 차이의 절대값을 취하기 때문에, 비대칭성은 항상 양수가 된다.

190 A. P. Møller, 1990, Fluctuating asymmetry in male sexual ornaments may reliably reveal male quality, *Animal Behaviour* 40: 1185-1187; R. Thornhill and K. Sauer, 1992, Genetic sire effects in the fighting ability of sons and daughters and mating success of sons in the scorpion fly(*Panorpa vulgaris*) *Animal Behaviour* 43: 255-264; A. P. Moller and R. Thornhill, 1997, A meta-analysis of the heritability of develomental stability, *Journal of Evolutionary Biology* 10: 1-16; A. P. Møller and R. Thornhill, 1997, Developmental stability is heritable: Reply, *Journal of Evolutionary Biology* 10: 69-76.

190 B. Leung and M. Forbes, 1996, Fluctuating asymmetry in relation to stress and fitness: Effects of trait type as revealed by meta-analysis, *EcoScience* 3:400-413; A. P. Møller, 1996, Parasitism and developmental stability of hosts: A review, Oikos 77: 189-196; Møller and Swaddle, 1997; R. Thornhill and A. P. Møller, 1997, Developmental stability, disease and

medicine, *Biological Reviews* 72: 497-548.

191 M. Hovi, R. Alatalo, J. Höglund, A.Lundberg, and P. Rintamaki; 1994, Lek centre attracts black grouse female, *Proceedimgs of the Royal Society of London* 258: 303-305.

192 속골 길이 측정은 다음 문헌 참조. P. Rintamaki, R. Alatalo, J. Höglund, and A. Lundberg, 1997, Fluctuating asymmetry and copulation success in lekking black grouse, *Animal Behaviour* 54: 265-269.

192 R. Alatalo, J. Höglund, A. Lundberg, P. Rintamaki, and B. Silverin, 1996, Testosterone and male mating success on the black grouse leks, *Proceedings of the Royal Society of London* 263: 1697-1702.

194 D. Buss, 1994, *The Evolution of Desire*, New York: Basic Books; D. M. Buss, 1989, Sex differences in human mate preference: Evolutionary hypotheses tested in 37 cultures, *Behavioral and Brain Sciences* 12:1-49; H. Bernstein, T. Lin, and P. McClellan, 1982, Cross-vs. within-racial judgments of attractiveness, *Perception and Psychophysics* 32: 495-503; M. Cunningham, R. Roberts, A. Barber, P. Druen, and C. Wu, 1995, Their ideas of attractiveness are, on the whole, the same as ours: Consistency and variability in the cross-cultural perception of female attractiveness, *Journal of Personality and Social Psychology* 68: 261-279.

194 S. W. Gangestad and R. Thornhill, 1998, Menstrual cycle variation in women's preferences for the scent of symmetrical men, *Proceeding of the Royal Society of London* 265: 927-933.

196 피임약을 먹지 않은 여성들에게만 해당되는 말이다.

196 K. Grammar and R. Thornhill, 1994, Human facial attraction and sexual selection: The role of symmerty and averageness, *Journal of Comparative Psychology* 108: 233-242; T. Shack-

leford and R. Larsen, 1997, Facial asymmetry as an indicator of psychological, emotional and physiological distress, *Journal of Personality and Social Psychology* 72: 456–466. For more examples see Table I of Møller and Thornhill, 1998. Of course, not all studies suggest that symmetry is attractive: J. Swaddle and I. Cuthill, 1995, Asymmetry and human facial attractiveness: Symmetry may not always be beautiful, *Proceedings of the Royal Society of London* 261:111–116.

196 J. A. Simpson et al., 1999, Fluctuating asymmetry, socio-sexuality and intrasexual competitive tactics, *Journal of Personality and Social Psychology* 76: 159–172.

197 C. Neugler and M. Ludman, 1996, Fluctuating asymmetry and disorders of developmental orgin, *American Journal of Medical Genetics* 66: 15–20; R. Thornhill and A. P. Møller, 1997, Developmental stability, desease and medicine, *Biological Reviews* 72: 497–548; P. A. Parsons, 1990, Fluctuating asymmetry: An epigenetic measure of stress, *Biological Reviews* 65: 131–145; M. Polak and R. L. Trivers, 1994, The science of symmetry in biology, *Trends in Ecology and Evolution* 9: 122–124; T. A. Markow and K. Wandler, 1986, Fluctuating dermatographic asymmetry and the genetics of liability to schizophrenia, *Psychiatry Research* 19: 325–328; G. Livshits and E. Kobyliansky, 1991, Fluctuat-ing asymmetry as a possible measure of developmental homeostasis in human: A review, *Human Biology* 63: 441–446; N. Peretz, P. Ever-Hadani, P. Casamassimo, E. Eidelman, C. Shelfart, and R. Hagerman, 1988, Crown size asymmetry in males with FRA(X) or Martin-Bell syndrome, *American Journal of Medical Genetics* 30: 185–190.

197 F. Furlow et. al., 1997, Fluctuating asymmetry and psycho-metric intelligence, *Proceedings of the Royal Society of London*

264: 823-829.

197 R. Thornhill et al., 1995, Human female orgasm and male fluctuating asymmetry, *Animal Behaviour* 50: 1601-1615.

199 C. Reynolds et al., 1996, Models of spouse similarity: Applications to fluid ability measured in twins and their spouse, *Behavior Genetics* 26: 73-88.

200 T. Kuhn 1962, *The Structure of Scientific Revolutions*, Chicago: University of Chicago Press.

201 아무렇게나 추정한 것이 아니다. 관찰이 동물의 공격성에 중요한 역할을 한다는 연구 결과들은 많이 있다. L. A. Dugatkin, 1997, Winner effects and loser effects and the structure of dominance hierarchies, *Behavioral Ecology* 8: 583-587; L. A. Dugatkin, 1998, Breaking up fights between others: A model of intervention behaviour, *Proceedings of the Royal Society of London* 265: 443-437; L. A. Dugatkin, 1998, A model of coalition formation in animals, *Proceedings of the Royal Society of London* 265: 2121-2125.

7장 동물 문명

206 M. Crichton, 1995, *Congo*, New York: Mass Market Paperbacks.

207 S. Kawamura, 1959, The process of sub-culture propagation among Japanese macaques, *Primates*, 2: 43-60. This work is summarized in T. Nishida, 1987, Local tradition and cultural transmission, in B. Smuts, D. Cheney, R. Seyfarth, R. Wrangham, & T. Struhsaker, eds., *Primate Societies*, Chicago: University of Chicago Press.

209 M. Huffman, 1996, Acquisition of innovative cultural beha-

viors in nonhuman primates: A case study of stone handling, a socially transmitted behavior in Japanese macaques, in: C. M. Heyes and B. G. Galef, eds., *Social Learning in Animals: The Roots of Culture*, London: Acade-mic Press.

209 M. Huffman and D. Quiatt, 1986, Stone handling by Japanese macaques: Implication for tool use of stone, *Primates* 27: 427-437.

210 사실 침팬지를 대상으로 일곱 곳에서 장기 연구들이 이루어져 오긴 했지만, 자연 서식지에 있는 무리들을 대상으로 통제된 방식으로 문화적 진화를 연구한 사례는 거의 없다. A. Whiten, J. Goodall, W. McGrew, T. Nishida, Y. Sugiyama, C. Tutin, R. Wrangham, and C. Boesch, 1999, Cultures in chimpanzees, *Nature* 399: 8682-8685. For a list of other examples of primate imitation see A. Whiten and R. Ham, 1992, On the nature and evolution of imitation in the animal kingdom ; Reappraisal of a century of research, *Advanced Study in Behavior* 21: 239-263.

210 이 장에서 인용한 사례들 중 몇 가지는 사회적 학습을 다룬 탁월한 학술 서적 두 권에 더 전문적인 형태로 실려 있다. Heyes and Galef, 1996; T. R. Zentall and B. G. Galef, 1988, *Social Leaning: Psychological and Biological Perspectives*, Hillsidale, NJ: Erlbaum.

211 1988년 동안 이루어진 사회적 학습과 먹이 찾기 실험의 목록은 르페브르와 팔라메타의 책에서 표 7.1참조. L. LeFebrve, and B. Palameta, 1988, Mechanisms, ecology and population diffusion of socially learned, food-finding behavior in feral pigeons, in Zentall and Galef, 1988.

212 B. Galef and M. Clark, 1972, Mother's milk and adult presence: two factors determining initial dietary selection by weaning rats, *Journal of a Comparative Physiology and*

Psychology, 78: 220-225; B. Galef and P. Henderson, 1972, Mother's milk: A determinant of feeding preferences of weaning rat pups, *Journal of Comparative Physiology and Psychology*, 78: 213-219; B. Galef and D. Sherry, 1973, Mother's milk: A medium of transmission of cues reflecting the flavor of mother's diet, *Journal of Comparative Physiology and Psychology*, 83: 374-378.

212 P. Hepper, 1988, Adaptive fetal learning: Prenatal exposure to garlic affects postnatal preferences, *Animal Behaviour* 36: 935-936.

212 P. Ward and A. Zahavi, 1973, The importance of certain assemblages of birds as " information centres" for finding food, *Ibis* 115: 517-534.

213 B. Galef and S. Wigmore, 1983, Transfer of information concerning distant foods: A laboratory investigation of the : information-centre" hypothesis, *Animal Behaviour* 31: 748-758.

214 B. G. Galef, 1989, Enduring social enhancement of rats' preferences for the palatable and the piquant, *Appetite* 13: 81-92.

215 B. Galef et al., 1983, A failure to find socially mediated taste aversion learning in Norway rats(*R. norvegicus*), *Journal of Comparative Psychology* 97: 358-363.

215 W. Wyrwicka, 1978, Imation of mother' s inappropriate food preference in weaning kittens, *Pavlovian Journal of Biological Science* 13: 55-72.

215 한 예로 갤러프는 자연선택이 음식 학습을 선호해 왔지만, 독을 피하는 학습에 대한 선택 압력이 더 약해서 새로운 독을 사회적으로 회피하는 성향이 생기지 않은 것이라고 주장했다. B. G. Galef, 1996, Social enhancement of food preferences in Norway

rats: A brief review, in Heyes and Galef, 1996.

216 J. Fisher and R. Hinde, 1949, The opening of milk bottles by birds, *British Birds* 42: 347-357; R. Hinde and J. Fisher, 1951, Further observations on the opening of milk bottles by birds, *British Birds* 44: 393-396.

216 R. Hinde, 1982, *Ethology: Its Nature and Relations with Other Sciences*, Oxford: Oxford University Press, p. 108.

217 D. Sherry and B. G. Galef, 1984, Cultural transmission without imitation: Milk bottle opening by birds, Animal Behavior 32: 937-939; D. Sherry and B. G. Galef, 1990, Social learning without imitation: More about milk bottle opening by birds, *Animal Behaviour* 40: 987-989.

218 B. Palameta ams L. LeFebrve, 1985, The Social transmission of a food-finding technique in pigeons: What is learned? *Animal Behaviour* 33: 892-896.

220 C. J. Barnard, ed., 1984, *Producers and Scroungers*, London: Croom Helm/ Chapman Hall.

220 L. A. Giraldeau and L. LeFebrve, 1986, Exchangeable producer and scrounger roles in a captive flock of feral pigeons: A case for the skill pool effect, *Animal Behaviour* 34: 797-803.

221 L. A. Giraldeau and L. LeFebrve, 1987, Scrounding prevents cultural transmission of food-finding in pigeons, *Animal Behaviour* 35: 387-394.

222 P. Rozin, 1988, Social learning about food by humans, in Zentall and Galef, 1988.

223 K. Duncker, 1938, Experimental modification of children's food preferences through social suggestion, *Journal of Abnormal and Social Psychology* 33: 489-507.

224 L. Birch, 1980, Effects of peer model's food choices and eating behaviors in preschoolers' food preferences, *Child Development* 51: 14-18.

224 P. Rozin and D. Schiller, 1980, The nature and acquisition of a preference for chilli peppers by humans, *Motivation and Emotion* 4: 77-101.

224 J. Billing and P. W. Sherman, 1998, Antimicrobial functions of spices: Why some like it hot, *Quarterly Review of Biology* 73:3-49. 빌링과 셔먼은 향신료가 다양한 미생물 질병으로부터 우리를 보호하는 중요한 역할을 한다고 주장한다. 그들은 전 세계 4,578가지 요리법을 조사해서, 미생물 질병에 걸릴 가능성이 높은 지역(즉 음식이 쉽게 상하는 무더운 지역)에 사는 사람들이 항생 효과가 있는 향신료를 가장 많이 섭취한다는 것을 발견했다.

225 E. Hanna and A. Meltzoff, 1993, Peer imitation by toddlers in laboratory, home and day- care contexts: Implications for social learning and memory, *Developmental Psychology* 29: 701-710.

225 A. Meltzoff, 1996, The human infant as imitation as generalist: A 20-year progress report on infant imitation with implications for comparative psychology, in Heyes and Galef, 1996.

227 K. N. Laland and K. Williams, 1997, Shoaling generates social learning of foraging information in guppies, *Animal Behaviour* 53: 1161-1169. For an experiment with similar protocol(but using rat foraging as the system of choice), see B. G. Galef, Jr., and C. Allen 1995, A new model system for studying behavioural traditions in animals, *Animal Behaviour* 50: 705-717.

229 G. Helfman and E. Schultz, 1984, Social transmission of behavioral traditions in a coral reef fish, *Animal Behaviour* 32: 379-384.

231 E. Curio et al., 1978, Cultural transmision of enemy recogni-
tion: One function of mobbing, *Science* 202: 899–901.

231 S. A. Altmann, 1956, Avian mobbing behavior and predator
recognition, *Condor* 58: 241–253; T. A. Sordahl, 1990, The
risks of avian mobbing and distraction behavior: An anecdotal
review, *Wilson Bulletin* 102: 349–352.

232 가령 신참 새가 교사가 되고, 그 교사에게 교육을 받은 신참이 다시
교사가 되면, 이 사슬의 길이는 두 배로 늘어난다.

234 S. Mineka, M. Davidson, M. Cook, and R. Keir, 1984, Obser-
vational conditioning of snake fear in rhesus monkeys,
Journal of Abnormal Psychology 93: 355–372.

234 M. Cook, S. Mineka, B. Wolkenstein, and K. Laitsch, 1985,
Observational conditioning of snake fear in unrelated rhesus
monkeys, *Journal of Abnormal Psychology* 94: 591–610.

235 T. M. Caro and M. D. Hauser, 1992, Is there teaching in
nonhuman animals? *Quarterly Review of Biology* 67: 151–
174.

242 L. A. Dugatkin, 1999, *Cheating Monkeys and Citizen Bees:
The Nature of Cooperation in Animal and Humans*, New
York: The Free Press.

찾아보기